环境设计教学与实践研究

朱亚明　著

JM 吉林美术出版社

图书在版编目（CIP）数据

环境设计教学与实践研究/朱亚明著. --长春：吉林美术出版社，2024.12. --ISBN 978-7-5575-9314-8

Ⅰ. TU-856

中国国家版本馆 CIP 数据核字第 2024LF3584 号

环境设计教学与实践研究

HUANJING SHEJI JIAOXUE YU SHIJIAN YANJIU

著　　者：朱亚明
责任编辑：邓　哲
封面设计：豫燕川
开　　本：787mm×1092mm　1/16
字　　数：154 千字
印　　张：11.5
版　　次：2025 年 6 月第 1 版
印　　次：2025 年 6 月第 1 次印刷

出版发行：吉林美术出版社
地　　址：长春市净月开发区福祉大路 5788 号龙腾国际大厦 A 座
邮　　编：130118
网　　址：www.jimspress.com
印　　刷：长春市昌信电脑图文制作有限公司

ISBN 978-7-5575-9314-8　　　定价：48.00 元

前　言

所谓环境，是指人类赖以生存的周边空间。从活动功能而言，有居住、生产、办公、学习、运动、通讯、交通、休闲等环境。设计，从本质上讲是一种具有功能性、创作思维活动的过程。它可以使人从不同的侧面去认识和理解事物，它不断突破先前的惯性思维方式，从而创造出一种新颖的设计方式。

环境设计是随着改革开放的不断深入、经济水平的日益提高而催生的与人民群众生活密切相关的艺术门类。环境设计是指人类在进行组织、改造、利用某一自然环境或人工环境时，根据人类物质功能、精神功能、审美功能的需求，运用各种艺术处理手段和技术手段对其进行的创作表达过程。环境设计是建立在现代科学研究基础之上，研究人与环境之间关系问题的学科，环境艺术设计涵盖了室内空间环境设计、园林景观设计、建筑设计、城市规划等方面的设计内容，是一门实用与艺术相结合的空间艺术。

高校环境设计专业作为一项集专业设计理念和实践探索于一体的重要学科，要求专业课程教学中注重学生创新精神、实践能力等多种核心素养的培养。本书立足于环境艺术服务于社会大众的实用功能，重点对当前环境设计教学情况进行探讨，内容涵盖环境设计的概念、环境设计理论基础及发展趋势、环境设计专业教学实践的现状及问题、环境设计的程序与基本方法、环境艺术设计透视图及其画法、新时期环境艺术设计实践环节的项目教学法研究等知识，另外，本书还结合应用型大学人才培养的特点，对现行高校环境设计专业人才培养进行了论述。本书具有很强的针对性和可操作性，能适应正在持续升温的高校和社会对环境设计专业学习的学生和人才的需求，从而将会产生广泛的社会效应与影响。

本书在撰写的过程中，参阅了大量相关资料和文献，同时为了保证论述的全面性与合理性，引用了许多专家、学者的观点，在此谨表示最诚挚的谢意。由于作者写作水平有限，书中不免存在遗漏之处，恳请广大读者不吝指正。

目　录

第一章

环境设计的概念

环境设计(Environment Design)的内涵十分广泛。环境设计系统的理论基础源自自然环境、人工环境以及社会环境中自然科学与社会科学的综合研究成果。自然环境是一个客观的物质世界,是不依赖于人类意识而存在的无机界与有机界;人工环境是在原生的自然环境中进行改造、建成的物质实体,包括它们之间的虚空和排放物,构成了次生的人造景观;社会环境则是人类在历史发展进程中,因受到原生环境与次生环境的双重影响,从而形成了不同的民族、生活、风俗、政治、宗教、文化等,并构成了不同的人文环境。而环境设计就是围绕这三者所进行的设计与再设计。

第一节　环境设计的基本含义

现代人类所处的建筑和其他人造因素构成的环境,已不是他们理想的生存空间,为此,必须对以人为中心的“人—建筑—环境”的关系进行科学化、艺术化和最适化的设计协调,也就是说,进行环境的再设计。人作为环境的主体和服务目标,人类的环境需求决定了环境设计的方向,表现为回归自然、尊重文化、高享受和高情调的多样性、自娱性与个性化的追求。营造一个从精神到物质都理想的空间是当代人新的需求。设计的过程就是满足这种需求的过程。

所谓环境,是指人类赖以生存的周边空间,分为自然环境与人工环境两大类。从空间大小而论,有宏观环境(如地球或国家环境)、微观环境(城市或居住环境)之分;从活动功能而言,有居住、生产、办公、学习、运动、通信、交通、休闲等类型环境；从分支学科角度来看，有社会环境、经济环境、生态环境、建筑环境、光环境、水环境等多个领域。环境设计是指对构成人类的生存空间进行美化和系统构思的设计，是对生活和工作环境所必需的各种条件进行综合规划的过程。对环境进行艺术化的设计包括了艺术设计的系统工程，需要从人文、生态、空间、功能、技术、经济和艺术等方面进行综合设计。从对环境美的最终要求而言，艺术设计是贯穿其中的全面的、整体的设计。

美国环境设计丛书编辑理查德·道伯尔(Richard Dober)说："环境设计是比建筑范围更大、比规划的意义更综合、比工程技术更敏感的艺术。这是一种实用艺术，胜过一切传统的考虑，这种艺术实践与人的机能紧密结合，使人们周围的事物有了视觉秩序，而且加强和表现了所拥有的领域。"1960 年 5 月，在东京举行的世界设计会议上，划时代地提出了环境的设计概念，并对环境设计问题形成了共识：第一，科学技术的发达引发了经济社会的急剧变化，人们的生活环境受到了威胁；第二，以高速公路那种超人性的装置到个人小庭园，作为生活环境必须确立一贯的视觉；第三，如何考虑大工业生产和手工制作之间的裂缝；第四，设计的领域与成为背景的科学和艺术的关系；第五，设计领域之间的协作和综合，这是当时在日本最早开始考虑环境设计的重要条件。此后，世界上逐渐地对环境设计的观念有了比较清晰的认识。时至今日，它已发展成一个相当完整和庞大的设计类别。

环境艺术设计的特点在于其跨越各种学科的综合性，以及协调各个构成要素之间关系的整体性。与之单一的建筑设计相比，它更多地考虑到该建筑作为整个环境的有机组成部分，及其存在的意义和价值。也正是因为其综合性和整体性的特色，环境设计在表达时代的审美追求，科学技术的发展水平以及人们的生活观念方面，具代表性意义。随着社会的发展，环境设计已成为现代社会生活的核心。对于开发环境的认识，已建立在环境保护的基础上，力求使人工环境、自然环境和社会环境实现共同和谐。因此，现代设计理论将平衡社会利益、公众参与、信息交流和价值评估等概念引入设计中，对环境视觉质量、环境形式与意义的关系、历史文化的延续和保护、使用者的特殊需求，环境生态平衡等问题进行了深入的探索，使环境设计在强调人与物、人与自然、物与物、物与自然的关系上得到了完美体现。

第二节　环境设计始于人的需求

环境空间设计的进步与发展，大体上经历了实用空间、行为空间（抽象空间）、符号空间（几何空间）、功能空间的过程。原始的空间观念，是寄托于直觉体验和生存本能上的，具有实用性；进一步的抽象与符号空间，人类则可以以语言、天文、数学、宗教、象征等文化为参照架构，进行思维、描述、概括，是文明时代的象征；现代人的空间，是以几何图式、形态构成、视觉原理、现代科技和现代生活为依托而构建的理想空间。

时至今日，人们更向往一种社会文化、历史文脉、未来世界、独处与交往相融合的多元化现代空间，这是现代人综合的“心理空间”或“人性空间”。人在追求理想中生存，从谋生到乐生，理性的需求得到满足后，总是向着社会文明和自我实现的更高层级迈进。

一、环境设计的目标

包豪斯（Bauhaus）的设计思想中有一个亮点：“设计的目的不是产品，而是人”。现代设计是以“人”为中心，是运用科学技术创造人的生活和工作所需要的物质与环境，并使人与物质、人与环境、人与社会相互协调，人是现代环境设计的核心要素。当代设计的任务是，考虑与人有关的一切活动，并为这些活动提供最佳的服务和条件。

环境设计的目标，是运用科学技术创造人的生活和工作所需要的物质环境，并使人与物、人与环境、人与社会相互和谐、彼此协调。人具有生物性与社会性，“为人的设计”便拥有了双重含义。人需要通过各种形式的物质使用，满足生存的需要，这体现了人类认识自然、改造自然的物质生产过程以及生存方式的更新变化过程。从这个层面来说,“为人服务”最基本的表现形式是以环境设计来适应人的生理特点,满足人的生理愿望。因此,充分考虑物质结构、处理好造型功能与人的关系,是现代设计环境的立足点。其次,人类的需求是持续发展的,“为人的设计”作为一个变化的动态体系,还存在于通过创造物质来引导需求的过程中。

人作为环境中的主体,其意义在于事物之间的相互作用和沟通方式所产生的空间关系的内容。环境是由多种不同类型、不同功能的物质形态组成的,它们诸多因素和组合的复杂形式使环境呈现出丰富多样的状态,物质依赖于环境而存在,同时又具有相对的独立性。“为人服务”的设计目的除了体现在独立的单个物体的品质创造之外,还要把握这个设计个体与其他物体的协调关系以及对环境产生的影响和作用,从而使物体的存在与所处的环境形成和谐的、互相依存与补充的整体。

环境设计的最终目的是创造合理的生存(或使用)方式,这个归宿体现了环境设计对于人类生物性和社会性的综合,完成了综合目的性这一创造性活动的全过程,是设计目的的统一与升华。生存方式是一个综合系统,它反映了特定时期的物质生产和科学技术水平,也体现了一定的社会意识形态状况,与社会的经济、政治、文化、艺术等方面有着密切的联系。设计是通过创造“第二自然”来影响人类生存方式的。所谓“第二自然”是相对于客观存在的自然界的人工系统,它与第一自然(自然界)共同构成了生存方式产生的基础。

马斯洛的“需求”理论,由低到高依次划分为五个层次:生理需求、安全需求、社交需求、自尊需求和自我实现。其中,社交需求、自尊需求和自我实现需求的高层次需求是社会中的人需要不断满足的精神需求。这些需求是通过人与人、人与物质生活、人与环境的相互作用而形成的,并在作用的过程中得到心理和精神上的满足。因此,“为人的设计”的目的便是使这种相互作用关系达到合理和谐的状态,从这个角度来考查设计目的的实现,必须研究以下三方面的因素。

首先是审美功能,即研究不同职业、性别、年龄、地域、民族的个人或团体、阶层对设计的造型、色彩的心理感受，受传统习俗的影响以及这种观念的演变、发展趋向；其次是象征功能，研究人类的行为生存方式、理想、道德、哲学、社会学对人类心理的影响，再次是教育功能，研究语义学、伦理学、教育学、心理学，把设计作为现代信息社会学习的新方式来思考和试验。

二、人对环境的创造性作用

人既要有舒适的室内环境进行工作和生活，又要有良好的室外环境扩展活动空间与自然相结合。室内、室外虽然是两个不同的领域，然而却是互相依托的两个重要环境分支。它们是两个互补的空间，无法人为割裂。在室内，人们被限制在一定范围内，生活在具有某种功能性、私密性的空间中，虽然排除了不利的自然与人为的干扰，却也失去了人与自然和人文环境的直接相融。所以，室内环境更倾向于功能性空间。

而室外环境不仅为人们提供了活动场所，也创造了气象万千的自然与人文景观，“久居樊篱下，复得返自然。”阳光、空气、绿化、水体，绚丽多彩的世界，自然及人千姿百态的情绪，各种人际空间的参与、交往，使得室外环境兼具功能性、自发性和社会性的活动特点。相比之下，现代城市由于其活动性特点而带来的交通噪声、城市热岛、灰尘、电子化学烟雾、射线辐射等环境负效应，会带给人们诸多不便。这种不便就是环境设计面临的历史性突破的重大课题。

人类区别于其他动物所特有的本质——“创造”，它的特征在于统一现有的各种信息和因素，有目的、有计划地实现质的飞跃。

环境设计作为协调诸多因素的人类改造自然和自身的主动行为，其内在的驱动力便是创造。“合理的生存方式”界定了设计创造的目的和原则，使创造活动在此前提下得以实现。“合理”是创造的审美标准，是评价“生存方式”美与不美的准则。合理的概念中融会了主客观的统一，融合了真与善的协调，从而达到美的境界。合理是指合乎客观规律所取得的主观与客观的统一，是指合乎审美情趣而得到的主体性与社会性的和谐，合理的趋向过程就是美的形成过程。

“合理的生存方式”作为设计目的的衡量原则，是一个动态的变量体系。各个时代不同的社会状况和审美标准等诸多因素决定了它具有的不同特征，现代设计要求创造“更”合理的生存方式，“更”具有进一步发展提高的意义，明确了设计目的在现阶段所追求的协调标准。由此可见，人类文明发展的无限性，从根本上决定了设计目的的相对性和有限性，决定了“合理的生存方式”所具有的一定时空的局限性和可变性。也正因为如此，才为人类永无休止的创造活动提供了丰富的资源。

人所具备的双重属性，在共同建构的整体系统中实现着微妙的平衡。这种平衡过程，影响了作为群体存在的物体的风格特征。当现代主义秉持着“功能第一，形式第二”的设计原则为世界创造了数以千万计的几何形的产品与建筑时，它所标榜的“国际化”和“标准化”带来的异化现象，打破了人类追求物质与精神互为平衡的要求，使人们在心理上产生了排斥、抵触和失落的情绪。而人类与生俱来的对艺术、传统、装饰、民族等因素的热爱，促成了一种新的观念和风格的诞生，这就是后现代主义。这是设计自身受社会环境条件以及人类精神需求的影响而作出的平衡选择，也是设计目的顺应时代特征的变化形式。

环境设计，在很大程度上从原本设计为少数人服务的奢侈品转化为设计为大多数人服务的必需品，为人服务的设计目的表现为立足于满足绝大多数人的需求而完成设计。这种转化，促进了对“人”更加深入的理解，同时也促进了环境设计的商品化趋势，从而使设计成为全人类共同能够享有的财富。

三、人—环境的优化与协调

建筑与环境是同步发展的，具有鲜明的时代特征。城市现代化是环境的重要依托和背景；现代人是环境艺术设计的主体与服务对象；现代环境则是植根于这种以人为主体的社会文化的产物。

现代人，是由漫长的农业社会迈向大工业社会，进而走向后工业信息社会的人。它的时代背景、社会气质、文化熏陶和生活方式都发生了质的变化。在农业社会中，见闻不出乡里，一家头上一片天，田野居室融合，方圆邻里亲朋面孔熟悉，相互认同；工业社会中，生产方式发生改变，从家庭面向社会，人缘、地缘关系重组，智力竞争加剧，现代文化塑造了现代人的品格。作为信息社会的当代人，日益适应科学化、现代化、秩序化、条理化的生活环境，需求向多层次、多样化、最适化、个性化方向发展，生活方式也从谋生型向娱乐性方向转换；随着交通、信息现代化程度的不断提高，神话中的“千里眼”、“顺风耳”和“腾云驾雾”已经成为现实，人在宇宙中的空间距离感、时间速度感、世界的立体感使人类的生理感官延伸到了无限的宇宙空间；人的气质和个性倾向趋于简洁、抽象、新颖、高效、多样和强刺激；现代人动态发展的适应性和应变能力极大增强。

信息社会引发了社会结构、生活结构和经济结构的剧烈变革，使得过去的环境意识、空间意识重新组合。在日新月异的动态发展中，市场经济促使人们的观念不断求新求异，这标志着人类在改造利用自然方面取得了巨大自由。人口集中，知识密集，信息与文化交流的时空浓缩，生活与工作的节奏加快，创造的天地更加广阔，成为了时代的缩影。

然而，在人与现代环境的接触中，也不时产生负面效应。如人与人之间面孔生疏，认同感下降；交通拥挤，噪声嘈杂，工作节奏加快使人们的自律性丧失，易于疲劳并易产生孤独感；人与自然被众多建（构）筑物所隔离；城市面貌改观加速使人对城市整体识别记忆困难，导致对社区以及外部环境的陌生感；城市现代化带来的污染与小区环境的恶化，影响着人们的安全感和稳定感。另外，由于阶层差距的增大，高技术与高情感的矛盾加剧，家庭经济结构和生活观念改变，往往导致人们心理上的不平衡，有赖于社会与环境的调节。在现代人一建筑一环境这根链条的驱动下，环境艺术设计跟随着时代步伐，对现代空间不断进行协调，适应与优化处理，体现出一种动态的、多样的综合效应，并形成多种发展趋势。

（一）回归自然

在当今时代，聚居环境的城市化和工业化日益加剧，地球上原有的生态环境被城市、工业区、高速公路不断侵蚀、分割，人类在享有创造所带来的便利的同时，也受到了和自然日益隔离而引发的伤害。面对这些，人们自然对生态环境抱有无比的眷念，特别是长期生活、工作在室内的人，更加渴望周围有着充满生机的景致。现代城市中充满了人造的硬质景观，虽然拉近了人与自然的距离，但缺乏过去与生态相处的那种亲密无间的关系。因此，在现代城市环境中如何通过融合、嵌入、浓缩、美化以及象征等手段，在点、线、面的空间领域中，引入自然、再现自然，使人们从有限的天地中领略到无限的愉悦与自由，已成为当下环境设计的重大课题。回归自然是身居闹市的人们由于长期处于纷繁的环境之中，从而产生的一种惰性以及求异求变的逆反心理，他们希望置身于村野中以回避“纷繁”，这不仅是一种心理互补的反应力，同时也是一种生物群落与环境相处取得生态平衡的需求。

综观人与自然关系的发展历程，大体经历了如下三个阶段：一是质朴平和的关系，在漫长的农业社会时期，无工业废物、无大气污染，这称为第一生态环境中的人与自然；二是人与自然的远离，自进入工业社会以后，人类从自然中分脱出来并亲手毁坏了自然环境；三是处于后工业社会的当代，人们开始追求用现代手段实现高层次的人与自然和谐相处的愿望。

（二）高情感、高享受

在现代社会生活中，到处充斥着高节奏，高效率和充满竞争的工作环境和生活环境。人们在经济上虽然越来越富裕，但是人际关系却变得越来越冷漠，所以就需要丰富的娱乐生活来予以补充，而环境艺术则是“补偿”这种理想的精神世界的载体。人们需要在精神生活层面追求一种健康向上、愉悦和富有人情味的文化环境，这不仅是情感上的高要求，也是一种调节疲劳、提高创造力、增强健康的需要。因此，环境必须能够体现个性化、自娱性、多样化的趋向。单一的格调已经无法满足人们的需求，而是要求视觉、听觉、嗅觉、触觉的并用，身体力行，利用高科技来延伸自己的感官，增加刺激与心理感受。

第三节　环境设计的构成要素

一、环境设计的功能要素

功能是指在环境设计中为满足人的需要而赋予环境的各种效用性

能。功能要素主要包括实用功能、认知功能、象征功能以及审美功能。

(一)实用功能

实用功能是环境设计目标与人的需求目标相一致的物质能量，也称物质功能。例如，在室内设计中的顶棚装饰，既可以采用以木质为主体加工精良的饰面，也可以采用以轻钢龙骨为主体的金属吊顶。所采用的材料多种多样，相应的装修技术要求也有所不同。把适应于某种用途的材料、技术和结构等因素选择出来，是达成实用功能的第一步。因此，实用功能作为功能因素的基本内容，是认知功能和审美功能产生的基础。

(二)认知功能

认知功能是指由建筑物的外在形式所实现的一种精神功能，通过人的各种器官接受来自各种信息的刺激，形成整体知觉，从而产生相应的概念或表象。表象是通过空间结构框架、功能使用和具有典型特征的建筑符号所表示的内涵。因此，认知功能另一方面还需要依靠实用功能所传递的足够信息。认知功能直接影响着人对设计环境的识别和由此确定的心理定向，从而进一步影响着人对物的判断和行为。

(三)象征功能

象征功能是认知功能体现深层心理的反映，提示这种内涵所具有的某种象征、隐喻或暗示的内容，同时也包含着环境设计所体现的社会意义和伦理观念，是象征符号形成和运用的结果。例如，酒店装修的品质可以反映出它的档次，从一个人的衣着可以看出他的身份、地位和修养等情况。在设计的时候可以将历史、文化等人文要素融入其中，赋予环境一定的社会属性意义。

(四)审美功能

审美功能是指环境设计的构成形式所引起的人的一种美感品赏。使人对设计形式产生美的感受，是环境与人之间相互关系的高级精神功能因素。人的审美认识除了来自环境设计形式产生的自然美、艺术美的直接感受外，还更注重直接感官之外的深层内涵，强调意境美和韵律美；中国人尤其讲究含蓄、朦胧、虚空、模糊等，成为独特的审美理想，这些在中国古典园林设计中都有相应的反映。在苏州园林中蕴涵了众多的哲学和美学思想,如道法自然、气韵生动、无中生有、形散神聚等;而在西方园林中则极为讲究几何关系和轴线对称,其布局非常规整,通过有计划种植的林木和修剪植物来描绘花园的轮廓和不同的形状。由此也可以看出东西方文化的差异,对此必须采取包容的态度。

二、环境设计的形式要素

所谓环境设计的形式要素,就是指可以通过直觉体验到的环境所具有的外在造型的色彩、形态、肌理、尺度、方位以及表情等方面的构成因素。

1. 形态

形态是指物体的外在造型,即物体在空间中所占据的轮廓形象。自然界的一切物体都具有一定的形态特征,造型因素中的形态概念不仅指环境设计的外形,还包括它的内在结构形成的影响,是内外因素统一的综合体。点、线、面、体是构成形态的基本因素。

形态还可分为具象形态和抽象形态两种类型。具象形态是指实际空间中存在的各种物质形态,是可以凭借感官和知觉经验直接接触和感知到的,因此,它又称现实形态。抽象形态包括几何抽象型、有机抽象型和偶发抽象型,都是经过人为的主观思考凝练而成的,具有很强的人工成分,所以抽象形态又称作纯粹形态和理念形态。

点、线、面是概念的、抽象的、假定的,是形态相对概念从比较中存在的,最小的点与线,在放大镜下都可能成为面,它本身并不代表任何意义,只能从比较、对照、互补中得出概念的形态。圆、方、三角,既可成为点的概念。也可成为面的概念。从面的角度来说,有边沿;从点的角度来说,就没有边沿。点的移动成为线,线的扩展成为面,面纵深发展则会形成体。因此点线面是构成环境设计具象或抽象形态的基础。

形态的创造离不开不同的材料和技术手段。形态创造的过程,是变化与统一、韵律与节奏、主从与呼应、速度与均衡、对比与协调、比例与尺度、比拟与联想等多种造型手法完成信息传达目的的过程。比如在环境设计中，动物、植物等具象形态可形成亲切、自然的传达信息效果；木材天然的肌理通过手工加工工艺可产生朴拙、柔和之美，会给人一种浑然天成的亲切感；正方体和直线构成的几何抽象形态与金属材料光洁、爽滑的肌理和机器加工技术形成的精致、秩序，能够传达出环境空间冷静、理性的视觉印象。

由体现环境内在结构和品质的功能形态向传达具有丰富视觉感受的审美形态转化，这是设计形态创造的本质，也是提高环境艺术审美价值的重要手段。

2. 色彩

环境设计中的色彩效应，是形体外形式的一个重要方面，它是环境形象在人生理和心理上所引起的一种反应，也是客观世界的一种光学物理现象，颜料作为色彩的物质形式，还具有一定的化学成分。正因为色彩的作用，使其成为环境形象的外在信息的重要组成部分。色彩的物理、生理和心理特性的研究，为色彩在设计中的应用提供了科学的参照体系。

物体的色彩来源于光的照射，由于物体性质的差异，对光的反射、吸收、透射状况各不不同，而产生千差万别的颜色，大体可分为无彩色系和有彩色系两大类。无彩色系指白色、黑色以及由白和黑调和而成的各种程度的灰色；有彩色系指红、橙、黄、绿、青、蓝、紫等颜色，它具有色相、明度、纯度三大色彩要素。将三者进行科学而有秩序地整理，排列分类并系统的组合，便形成了色彩体系，也称为色立体。在设计中常用的色彩体系有蒙塞尔色系（Munsell Color System）和奥斯特瓦德色系（Ostwald Color System）。色系相当于一本“配色词典”，能够为设计师提供几乎全部的色彩体系，由于色彩在色系中是按照一定的秩序排列、组织的，因此，它还可以帮助设计师在使用和管理中提高效率。当然，色系只提供了色彩物理性质的研究结果，真正运用到实际设计中时，还需要考虑到色彩的生理和心理的作用。

所有的色彩感受都是建立在人的视觉感官的生理基础上的。人在接受色彩刺激时会产生丰富的生理和心理反应，其中生理反应中的色彩错误和幻觉最为突出。比如如色彩的膨胀、收缩感，由于各种不同波长的光通过眼晶体之后，聚焦点并不完全在一个平面上，因此视网膜上的影像清晰度就有明显的差别，长波的暖色影像似乎焦距不准，具有扩散性；而短波长的冷色影像具有收缩性，比较清晰，所以，相等面积的三种颜色，往往由于波长不同，在人的视觉感受中会呈现出面积不等的错觉现象。另外色彩的前进、后退感，以及对此产生的相互排斥现象和视觉后像等生理反应，这些都是设计师应当考虑的色彩设计内容。色彩心理则是对客观色彩的主观心理反应。人在接受色彩刺激时，也会产生相应的心理活动。但是不同人的个体差异、群体共同的色彩感情以及时代和社会环境的变化，都成为影响色彩效应的决定性内容。

3.肌理

肌理，是指环境设计中人对物体表面的纹理特征的感受。一般认为肌理和质感是同义的。肌理在作为环境形象的外在形式之一，且与质感相联系时，它一方面作为材料的外在特征被人感知，另一方面也可以通过先进的工艺手法去创造新的肌理效果。由于材料的性质不同，肌理可分为自然材料肌理和人工材料肌理两大类。自然形态的肌理来自自然材料，如木材、石材、草地、植被等，给人以大自然的亲切美感；人工材料包括水泥、砖瓦、塑料、板材、丝棉织物、金属、皮革等多种人工物，其表面肌理可以模仿自然物，也可以创造新的、独特的肌理美。

肌理的产生离不开加工技术的作用，不同手段的加工方法可以得到不同的肌理效果。如铝合金材料，如果采用铸造工艺就可以得到点状纹理，通过刨削能得到直线束纹理，通过旋削可以产生螺旋纹理，通过喷砂工艺则能够形成雾状纹理……因此，适当的材料选择与适当的加工手法的运用，对于设计品肌理的表现具有同等重要的意义。外在肌理的设计与形态、色彩设计一样，需要把握空间形象的内在品质和功能因素，需要体现实用功能、认知功能和审美功能的不同意义，使肌理的拼接组合、工艺特征能充分满足人的视觉、触觉感受和心理要求，从而提高环境设计的外在质量和审美价值。

由形态、色彩、肌理等内容构成的外在造型因素，形成了设计物与人交流的独特的语言系统。语言的形成，是一个符号化的过程。现代设计理论着重强调符号的生成和运用，强调符号所构成的造型因素对人的行为、情感的能动作用及环境的内在联系。从环境设计的角度来讲，其自身的存在和功能的表达而形成的本体符号与用来代表外界事物和其他对象的对应符号，共同组成了传达环境空间信息的媒介，其中对应符号里的图像符号、指示符号、象征符号的不同作用内容，使得传达的目的更加明确。

三、环境设计的技术要素

环境设计中的技术要素，是指在设计施工和使用过程中所运用的技术方法和过程。在环境设计的系统工程中，技术含量与艺术含量是决定设计价值与品位的两个重要方面。技术是人类为实现一定目的而运用自然规律改造客观事物的知识、能力、手段的综合体，它调整与控制着人与自然界之间的物质交换过程。技术因素也同样具有决定性意义，并决定其结果。

环境设计是技术与艺术的有机结合。技术的对象，是依据自然规律构建的，技术功能的作用是确定的，同时它又是按规划目标实施的，其效用具有预期性质；设计对象同样是按照规划目标进行的，其物质效用也具有预期性质，但是其中融入的艺术因素，其审美效应与具体环境及鉴赏者密切相关，具有不确定性。艺术对象同样具有审美效应的不确定性，同时艺术创作诉诸直觉与灵感，它不能按规划目标达到预期效果。由此可见，环境设计对象的特征介于技术对象和艺术对象之间。认识技术与艺术的性质，成为把握环境设计的一个理论前提。

在我国古代，技术是技艺、手艺、技巧和技能的总和，一直存在“技艺相通”的说法。《庄子·养生主》中讲述了庖丁解牛的故事，庖丁通过技术的钻研和磨炼，达到“合于桑林之舞”“莫不中音”的境界。《庄子·天地》中还指出，“能有所艺者技也”。古希腊哲学家亚里士多德（Aristotle，前384—前322年）曾将技术看作是制作的智慧。随着工程技术的发展，古罗马人不仅看到了技术制作实的方面，也看到了包含知识的虚的方面。18世纪，法国启蒙思想家狄德罗（Denis Diderot，1713—1784年）在《百科全书》中列入了“技术”这一条目，并指出：技术是为了某一目的的共同协作组成的各种工具和规则体系。这就是说，技术既是一种知识体系，又包含一定的目的、社会参与性、作为设备和工具的硬件以及规则方法等软件。德国技术哲学家德苏瓦尔（F. Dssauer）对技术的概念提出了六种特性：

（1）任何技术的形成都是以某种自然知识为先导的，尽管这种知识可能极其原始和粗浅，当知识越丰富时，技术成果就越趋于完善；

（2）一切技术的对象都是依据人的目标选定的；

（3）在技术操作者的观念中，首先产生出活动的结果表象或意念；

（4）当具备了一定的自然知识并为实现某一目标而从事技术活动，便可以获得相应成果，在这里知识是实现目标的工具；

（5）成果的取得并非随意或偶然的，而是以自然知识为依据，按照某种客观规律进行的；

（6）技术成果具有适应于目标的目的性和价值性。

技术的进步涉及人类生活的一切领域，从物质生产到精神创造，从日常生活到精神消费，无一能离开技术设备和技术方法。

环境设计的技术可分为如下几个方面：

一是生产施工技术。指生产施工者在生产过程中所运用的知识、能力、手段和器械。譬如，室内装修的轻钢龙骨吊顶技术，是不同于木吊顶的高难度先进技术，没有一定的铝合金安装施工的特种经验，要使设计由图纸变为空间实体的预期目标就较难实现。因此，生产施工技术是设计付诸实施的关键条件。设计师必须掌握相关的生产技术知识，才能保证自己的构想得以实现。生产和施工者必须钻研和熟练地掌握相关技术，才能完美地呈现设计师的意图，甚至补充设计中的不足。这些相关技术包括技术设备、技术工艺和管理技术等。

二是成品技术。指室内外环境设计的成品实体本身所具有的技术性能和技术含量。通常是由成品的结构、材料、性能相互组合而构成的技术品质和特征。因此，成品的技术含量与其功能指标之间具有相互协调和配合的特点，技术含量高的环境艺术品往往功能优异，因而经济价值和实用价值也得到提高。比如，属于室内设计的“多功能娱乐厅”除了基本的装修技术外，还具有音响、照明、图像、采录、歌舞等多种项目，与其相关设施的设备、电器、道具、安装等都各自具有高精度的、要求非常复杂的工序和技术要求。就以其中音响设备这一项的部件而言，就包括晶体管、线路组合等非常复杂的技术因素，体现着个体的技术性能，以及满足功能需求的用途意义，它反映了这个小项目与整个“多功能厅”相互配套的关系和作用，属于成品技术问题。通常情况下，成品技术与功能因素中的实用功能相一致，并共同作用于设计的形式因素和经济因素。

三是操作技术。指使用者控制、使用环境艺术成品的一定知识、经验和能力。又以“多功能娱乐厅”所拥有的音响、照明、图像、采录、歌舞等多种高新技术配套功能为例，其中相关的设备、设施、安装、装修、制造等各种高精度的成品技术，必须具有高度的操作能力和技术知识来掌握成品的控制管理与使用。操作技术对使用者具有不同的意义，成品技术越复杂、越先进，越是需要方便、安全、舒适的操作技术，这样才能体现环境设计的完美功能。传统的音响设备，由于成品技术具有较高的复杂含量，常常必须由具备专业训练的人员来操作，而现代已得到普及的“手掌机”，却为普通人提供了使用和操作的便利，这种改变，体现了操作技术对生产技术、成品技术发展的推动作用。

以上涉及环境设计构成的技术要素，以各自不同的形态制约着设计的形成和实现，它要求设计师在构思过程、行为过程和实现过程的不同阶段中，都能充分考虑其产生的影响和制约作用，并把握以人为本的目标，使其各组成部分趋于和谐统一。

四、环境设计的经济要素

经济要素，指贯穿于环境设计全过程的经济内容和效益体系。经济是与一定的社会能力相适应的生产关系的总和，体现于设计领域的不同过程中具有不同的形式和作用，一般体现为三个过程。

1. 构思、方案和经济因素

在环境设计的构思和方案策划过程中，经济要素是设计师不可回避的因素之一。具体表现在对其设计品的成本计算、市场调查、销售预测、价格设定等方面的信息参考资料上。设计师要想使环境设计取得成功，必须正确把握这些资料,做到有的放矢,根据这些资料调整自己的思路和方案。

对原有状态的价值进行分析,是设计观念产生的基础,无论是小区住宅、样板房装修、一个广场规划、一个酒店大堂设计或一幢建筑设计,任何新设计的产生,都有与之相关联的旧有状态,而经济要素对这方面起到不可替代的作用。就设计实体本身的成本来说,施工流程、装饰施工技术、项目价格等方面的内容,直接影响着功能因素的发挥,相应的社会经济环境、市场策略则决定了环境艺术品的实现效果和价值内容。

对未来需求的预测,是确定环境设计目标和方向的依据。如果忽视设计得以实现的市场环境的要求,就会使环境设计观念陷入误区。科学地进行需求预测,把握设计品未来的作用,可以得到提高和创造设计品附加价值的理论依据。

对于设计方案的经济内容进行评估,是完成设计方案后必须经历的过程。新方案的执行,必然会带来成本、材料、设备、能源等各方面的开发以及生产费用的增加等问题。设计过程中高智能的投入,也决定了新的设计方案确定和实施时所包含的较大比例的智力投资,这些因素与功能因素、形式因素一样,可以决定环境设计方案的可行性程度。

2.行为和经济因素

环境设计的行为过程涵盖了设计的“方案—图纸—施工—成品”的全过程。显然,在构思环节中已充分考虑了设计实施的诸多因素,但在实现过程中,还需对实体化进程的许多问题进行深入设计。经济因素在这个阶段主要体现在设计物的方案实施、施工以及施工监理等方面。

在设计的实施过程中、设计师要配合施工部门协同完成,并对制作方案模型进行评价和修正。衡量模型方案在施工时的材料选择、设备配量、能源消耗等方面的情况,与评价其功能和形式因素具有同等意义。材料、设备、能源和人力投入,以及生产施工方式的变化与调整,必然会导致环境设计经济因素的调整。为了取得与设计方案相一致的效果,设计师在把握全部成品的功能和形式因素的同时,还必须考虑到正式施工过程带来的成本投资、管理投资和最终的价格、利润之间的关系,以保证设计构思过程中预测方案的执行。

3. 销售和经济因素

将环境设计成品推向市场，这是当代环境设计的新产业。比如小区商品房、样板房装修等，完成设计品的综合价值的实现，是这一过程的主题。从环境设计品到商品的转变是通过销售来实现的，当设计品作为商品投放市场时，设计师应当及时调查市场反应和销售效果，综合反馈信息，以改进设计和进行新的设计品的构思。其中，经济因素不仅体现在设计成品的综合经济价值观的过程中，而且作为改进、更新和促成新的设计方案产生的基础，经济因素也起到不可替代的作用。

商品的综合价值，包括实用价值和附加价值这两部分，共同组成商品的价格体系。由于销售渠道的不同，会使价格呈现出升降状况。各种促销手段也需要有适当的投资，只有全面地考虑销售环节和市场状况等各种相关的经济因素，才能使设计品的最终价值实现与预测方案相吻合。

市场的反馈信息为改进已有设计提供了的依据，重新审视环境设计的成本、利润和价值体系，寻找更加合理的解决方法，从而改善设计品与市场的对应条件。在这个过程中，往往能取得新的设计构想，得到与设计品具有本质差异的新方案的雏形内容，从而促使新设计的诞生，这意味着一个设计过程的完成而新的设计程序即将开始。

环境设计作为经济和意识形态的载体，已成为一个地区机构或企业发展自身的有力手段。从消费层次看，人的消费行为大体分为三大层次：第一层是生存需求；第二层是适应法则、共性、满足社会；第三层是追求个性的大批量品种，以满足不同消费者的高消费、高情感、高享受。第三层可满足人无我有、人有我优的愿望，这种需求的满足，必然会追求高附加值的商品环境，观念由“物的经济”向“知的经济”发展。

第二章

环境设计理论基础及发展趋势

第一节 环境设计的主要特征

环境艺术是一门多学科互助的系统艺术，涉及城市规划、建筑学、社会学、美学、人体工程学、心理学、人文地理学、物理学、生态学、艺术学等多个学科领域。在环境设计的范畴内，这些学科相互构筑成一个完整的体系。由此，环境设计的发展也受到诸多因素的影响，其特征有如下几点。

一、设计观念的特征

季羡林先生曾讲："东方哲学思想重综合，就是整体概念和普遍联系；即要求全面地考虑问题。"而钱学森先生也曾说过："21 世纪是一个整体的世界。"实际上，整体化也是环境设计的首要观点。

环境艺术观念发展的客观化水平往往取决于一件作品是否能与客观条件和自然环境建立持久的协调关系，这与艺术家进行单纯自我造型艺术的创作不同；环境艺术是多学科并存的关系艺术，环境设计将城市、建筑、室内外空间、园林、广告、灯具、标志、小品、公共设施等看成一个多层次、有机结合的整体，它面临的虽是具体的、相对单一的设计问题，但在解决问题时还是要兼顾整体环境的统一协调。在进行整体设计时，还需面对节能与环保、可循环与高信息、开放与封闭系统的循环、提高材料恢复率、强大的自动调节性、多用途、多样性与多功能、生态美学等一系列问题。相对于环境的功效方面和美学领域，社会经济因素则是重头戏，其最终将集中体现在环境效益问题。比如，大多数城市景观的设计都是在原有基础上进行改进，而环境的根本性变化则须由雄厚的资金来支撑。如果对环境综合效益缺乏研究和没有整体计划以及更高层次的思考和创新，就会造成大量资金无价值地消耗以及高昂的后期维护费用等问题，还会给环境的进一步改善带来沉重的负担。

在西方现代主义思想影响下的环境设计，由于社会经济积累具有了相当的基础，可以把功能及造价的问题不放在首要的位置上进行环境设计的考虑，但中国今天的“现代主义设计”则必须在充分考虑功能及造价的前提下展现个性，并且综合地、全面地看待个性在营造环境中的作用，把技术与人文、技术与经济、技术与美学、技术与社会、技术与生态等各种因素综合分析，因地制宜地处理理想与客观条件之间的关系，以求得最大的经济效益、社会效益和环境效益；以动态的视点，沿着生命运动的轨迹，将这些相关因素科学地、合理地组合起来，是使环境设计实现可行性的一种最佳途径。

因此，我们在进行设计时需要有整体的设计观念。无论是区域环境设计，还是建筑小品构想，都要放眼于城市整体环境的构架，对其历史与现状进行周密的计划和研究，权衡暂时与永久、局部与整体、近期与长期之间的利弊关系，找出它们的契合点，科学地、合理地、动态地对其进行综合设计，并要解决历史、未来及周边地带的衔接、计划与实施的差别控制等问题，最大限度地、最为合理地利用土地、人文及现有景观资源，以创造出集生态美学、环境效益于一身，适合人们生活行为和精神需求的环境。

二、设计文化的特征

芬兰著名建筑师伊利尔沙里宁曾说：“让我看看你的城市，我就能说出这个城市居民在文化上追求什么。”可见，环境艺术在表现文化上的作用是多么的巨大。环境艺术是一个民族、一个时代的科技与艺术的反映，也是居民的生活方式、意识形态和价值观的真实写照。

(一)传统文化

德国的规划界学术巨匠阿尔伯斯教授曾说,城市好像一张欧洲古代用作书写的羊皮纸,人们将它不断刷洗再用,但总留下旧有的痕迹。这些"痕迹"之中其实就包括传统文化。例如,在中国传统文化中,风水作为一种传统环境观对中国及周边一些国家古代民居、村落和城市的发展与形成具有深刻的指导意义。各种聚落的选址、朝向、空间结构及景观构成等,均因受风水学的影响而有着独特的环境意象和深刻的人文含义。"风水具有鲜明的生态实用性"(美国生态设计学专家托德语);"在许多方面,风水对中国人民是有益的,如它提出植树木和竹林以防风,强调流水近于房屋的价值"(李约瑟语)。它关注人与环境的关系,强调人与自然的和谐,表现出一种将天、地、人三者紧密结合的整体有机思想。《阳宅十书》中提到:"人之居处,宜以大地山河为主,其来脉气势最大……"风水的这些观念对现代环境设计、建筑学和城市规划,对"回归自然"的新的环境观与文化取向至今仍有启示作用。风水的思想和风水现象及应用的广泛性,都使风水无可争议地成为中华本土文化中一项引人注目的内容。

注重传统的设计风格,并能有效地将其与当地的文脉和社会环境相结合,通过良好的设计能建立历史延续性,表达民族性和地方性,有利于体现文化的渊源。如果生搬硬套,就会显得拙劣,令人厌倦。环境及其建筑物是特定环境下历史文化的产物,它们体现了一个国家、民族和地区的传统,具有明显的可辨性和可识别性。要继承和发展传统设计文化,就要注重历史环境的保护。在标志性建筑和重点保护性景观的周围建立保护区(如天津、上海等城市将近代外来建筑设为专门的文化保护区域)。保护空间环境的完整性,主要是有效控制周围建筑的高度、体量与形式等,根据不同城市、不同地段和不同的建筑物性质加以具体规定;同时,城市是受到新陈代谢规律支配的,作为有着强大的延续性和多样性的生生不息的有机体,也需要不断地更新。在此,德国剧作家席勒的观点虽有些偏激但有其道理:"美也必然要死亡,尽管她使神和人为她倾倒。"由此,不断地发展和变化是生活的法则。我们继承与发展传统文化正是为了新的创造，单一的、千篇一律的环境设计不符合现代人的欣赏情趣和审美要求。

（二）西方文化

我们对西方文化的认识经历了从器物到制度再到思想文化逐渐深化的过程，但始终主要聚焦于“器物”这一最初引发冲动的层面，而对这三个层面缺乏整体意识以及清晰的区分认识。在向西方学习时，总是以最好、最新为追求目标，误以为新就是好，但西方的新观念、新技术层出不穷，结果连追赶都没来得及，更谈不上消化了。这种不求甚解、盲目崇洋崇新的心态背后，是一种潜伏的文化虚无主义的思想在作祟。从近些年国内室内装饰的各种风格流派的设计作品中，便能感受到对西方环境文化的领受和吸取往往是停留在浮光掠影般的、得其形而忘其意的表面理解上，而对于其内含的、不同的人文精神的理解上，真正领会并发挥、创造出的优秀作品还远远不够。

（三）当代大众文化

随着公众主体意识的日益觉醒，在面对环境的日益均质化、无个性化甚至非人性化的今天，人们不再期望将自己的个体情感和意志纳入一个代表公众趣味、整齐划一的环境中，而是开始寻求一种多元价值观和真正属于自我意识的判断。人们越来越强调创造和表现具有一定意义的空间、场所和环境，此时的“可识别性”“场所感”等词汇的诞生，都表明了人们对价值或意义的深切关注。另外，在追求环境或场所为正常人服务的同时，应对儿童或残障人群予以关注，这才是环境服务于人性的本质体现。例如，美国《1990 年残疾人法案》的颁布为公共场所和商业场所制定了残疾人通行的标准，并要求在设计新的设施和对现有设施的改动中要核实相关法规并加以应用。这种体现在环境设计中的无障碍设计思想深得人心，也正是当代重视大众文化价值观念的重要反映。

环境设计对文化地域性、时代性、综合性的反映是任何其他环境或者个体事物无法比拟的。这是因为环境艺术中包含了更多反映文化的人类痕迹，并且这些痕迹每时每刻都在增添新的内容；而群体建筑的外环境往往正是一个城市、一个地区，甚至一个民族、一个国家文化的象征。北京的天安门广场、威尼斯的圣马可广场、纽约的曼哈顿都是一些代表民族或国家形象的突出案例。在环境艺术的设计中,如何反映当地的文化特征,如何为环境增添新的文化内涵,是一个严肃的、值得环境创造者认真思考的问题,更是历史赋予设计师的责任。

三、地域化特征

现代环境设计的地域化特征主要表现在以下三个方面。

(一)地理地貌特征

地理地貌是时间最为长久的特征之一。任何地区之间,只要细致观察,就会发现相它们之间的差异。更多的差异则是体现在宏观的特征上,像水道、河泽、丘陵、坡地、山脉、高原等。这些自然界固有的因素无时无刻不作用于环境塑造的过程。例如,山城重庆与平原省会石家庄,西北城市西安与江南水乡绍兴,它们之间的地貌差异对一个敏感于这些特征的设计师来说,会产生极大的诱惑。设计构思的一个重要思想就是要让那些特征彰显出来,也就是说,对有助于生活舒适的素材都要加以利用;反之,对不利的条件要进行弥补。例如,在重庆的山坡道上择距修筑一些落脚的平地或是石阶,让跋涉的人们有择时而歇的机会。这种不同“使用”的设计方式,是源于地理地貌因素的直接反映。

水,是城市里的一道亮丽风景。一座拥有河道、湖泊的城市是幸运的。大多数河水在人们聚居生存的历史上都起到过滋养生命的作用。在建筑聚集的市区,让一道河岸保持天然岸线形态,不失为一种独特的构想。当自然中野生的芦苇、杂草与人工绿化有机共处时,会令风景格外鲜明。但是,保持环境卫生是使野生地貌成为风景的基本条件,因此必须对之格外珍视。不同地域的水,形态也会具有截然不同的风格,或平坦广阔,或曲折蜿蜒,或围城环抱,或川流而过,其独有的面貌完全可能成为城市的重要标志之一。水的重要性及其历史地位,应成为人们认同其价值及强化其城市景观作用的原因。一条有代表性的河道,其重要性完全可以胜过一般的市级街道(当然科学并不赞同把环境分成三六九等,而是要全方位地一视同仁）。而现在的问题是，许多地方河水的宁静与永恒反而成了人们忽视它的原因。发展中国家的人们不要轻易地被那些花哨把戏所迷惑（比如，由于对“丰田”“宝马”的流畅曲线的膜拜而滋生了占有欲，从而不断地扩充道路占有田野或水域），进而“迷失了心性”，以致豁出生存的血本。实际上最珍贵的东西就在我们身边，它不可能由别人赠送，只能由我们科学合理地设计和运用。

对水的珍视仅限于保持水面清洁和水质不受污染是远远不够的，还要能够理解水在城市风景中不可替代的作用，其优化生活的能力远胜于任何人工建造的景观。要强化这种认识，环境设计应首先加以重视。呵护河道的办法之一是对岸线予以整理，就像为心爱之物披上盛装一样。岸线的形态常常既决定于天然地貌特征；又包含有历史遗留或改造的痕迹。其中，有的可临崖俯视，有的则浅滩渐深，有的齐如刀切；有的则参差有致，这是地貌与人文共同作用的结果。这也能为本节所解释的地方性特征提供有力佐证。此外，沿岸绿化和设置游览路线、活动场地等，不但是个普遍性原则，也应是深入挖掘地方化生活方式的着眼点。我们不妨看一看江南水乡重镇的例子，晚唐诗人杜荀鹤有诗言：“君到姑苏见，人家尽枕河。古宫闲地少，水港小桥多。夜市卖菱藕，春船载绮罗。遥知未眠月，乡思在渔歌。”它栩栩如生地描绘了当地人民傍水而栖的独特生活方式。那种地方风俗的魅力令人陶醉，凡有此经验者便不难领悟什么是对水的设计了。

（二）材料的地方化特征

追溯人类古老的建筑历史，就地取材无疑是最早的一种用材方式。就天然材料而言，使用的种类相当丰富，其中包括石料、木材、黄土、竹子、稻草甚至冰块等。如果再将同类材料中的差异加以分类，并考虑经初加工而得到的建材产品，其丰富程度则可想而知了。这种差异无不是由特定的自然条件所塑造的。然而，将地方性材料提升到作为考虑设计的着眼点的地位，其由来还是从现代的建筑思想引发的。钢材、玻璃、混凝土这些材料是没有地方差异的，因为它们被“人造”得太彻底了。那些源于科学分析而发明的材料，完全摆脱了地域性自然特征的痕迹，最终导致材料质感效果的趋同。这与文明发展对客观世界的原本认识相矛盾。当人们开始反思标准化的“现代主义”的设计思想所带来的弊端时，表现个性和人情味儿的理性思想便成为新一轮艺术思潮的追求目标。如果说传统的材质表现还处于含糊的无意识的状态中，那么现代人对材质特征的认识则更加明确主动。材料被赋予从文化生态多样性的高度去表现地方生活的职责，便具有了比以往更强的表现力。

除了在建筑上发挥特定材料的工艺性能之外，环境设计中应用材料最多的地方当数地面铺装了。在中国，传统的皇家或私人园林庭院的铺装多有优秀的范例。例如，苏州园林的地面铺装中对卵石的各种拼装方法所呈现的艺术魅力，简直是现代设计观念的活现。可是这种方法若搬到北方皇家园林中使用就要费些周折，因为材料并非源自本地土产。由此可见，使用地方化材料的原则，应是在更大范围里进行理性推论的结果。现代的地方化观念还向设计师提供了一个启发，即人们对材料的认识不应只局限于惯用的、已被前人熟练掌握的种类。许多不为人知却又是地方土产的材料，原本具有极好的使用性能，应成为设计师研究和尝试的对象。对于铺地材料的技术性能要求并不苛刻，何况是在现代技术条件下的水泥、砂浆等辅料的支持。此外，更新和开发一些新的加工方法，也是使旧料变新以及新材料走向实用化的有效手段。沥青、石子和水泥抹地是最简陋也是最没有特色的设计；而全国都铺一种瓷砖，应视为设计师的无能。现代设计中一个重要的课题是精致严谨的加工，材料加工则被列为其中之一。地砖和各种壁面的拼花图形、质感对比，有时并不总要依赖于材质变化去实现，同种材料的不同加工效果也是追求质感趣味的办法之一。在许多地方，当地特色的传统加工工艺常常能表现出现代工艺所没有的独特效果。

(三)环境空间的地方化特征

环境的空间构成是一个比较复杂的问题。一个有历史的城市，其建筑群落的组织方式是相对稳定和独特的。现有状态的形成往往取决于下列几种因素:①生活习惯;②具体的地貌条件。尽管在那些相邻的地区,地貌的总体特征相似,但一涉及具体方面,还是存在一些偶发的差异。这种差异可能导致聚落方式的变化;③历史的沿革,即曾经发生于久远年代的变革与文化渗透等;④人均土地占有量。总的来说,我国大中城市人口居住密度比较大。客观地看,我国城市(包括乡镇等小聚居区)真正的现代化发展是在改革开放之后起步的,至今不过40年,在这段短暂的时间里,我们完成的是远远大于40年的建设量,本该精雕细琢的城市面貌,却大多沦为粗放型产品。其中,有些原因是不可控的,如人口过度膨胀,现代化建筑技术手段虽先进但显得单一等因素,导致城市地方化特色的快速丧失。另外,环境文化意识的淡薄,设计者对地方文化所产生的情蕴和对当地环境构成的特征缺乏深入体验和观察,也是造成今天城市粗放结果的重要原因。

城市风貌的载体并非完全由建筑的样式所决定。这里不妨想象一下,眼前有一个鸟瞰的城市立体图,如北京的胡同、上海的里弄、苏州的水卷,人们的实际活动都发生在建筑之间的空白处,即街道、广场、庭院、植被地、水面等。如果将这些空白用"负像",的方式加以突出,再把不同地方的城市空间构成加以比较,就不难看出异地空间构成的区别。例如,北京的胡同,通常宽度相同,略窄于街道,一般只用于交通,可供车马通行。每到一定深度,某座四合院的外墙就会向后退让丈把距离,且与邻院的一侧外墙和斜进的道路共同形成一块三角地;那便是左右邻里们聚会谈天的活动场地。当然,通常还要有一棵老槐树和树下的石桌、石凳。上海的里弄则不像北京胡同那样"疏密相间"、开合有致,而是显得更加公共化、群体化。弄堂里的路呈鱼骨式交叉,大多是直角,宽度由城市街道到弄堂再到宅前过道依次变窄。与北京胡同体系比较而言,上海的住宅与弄堂的关系更为贴近。这些道路形式规整,既用于通行又用于交往联络。

可以看出,在不同的地方人们就是那样使用建筑外的环境。前几代的设计师们已经深入考虑过生活行为的需要,就空间的排布方式、大小尺度、兼容共享和独有专用的喜好提出了地方化的解决方案,而后世的人们则视之为当然的模式并习以为常。虽然这些方案并不一定是容纳生活百态的最佳设计方式，但毕竟是经过了生活习惯的选择与认同，在人们的心理上形成了对惯有秩序的亲和。在其后的设计追求中，并不存在什么绝对理想而抽象的最佳方式，新设计所能做的不过是模仿、补充，一切变化均是在原有基础上的改良。当然，新的室外空间在传统格局的城市里并非完全不能出现。

它通常是随着新功能的引入而产生。例如，在德国一些室外空间设计的限定条件相对自由的一些新兴的、人均用地相对宽松的城市。以宾根到科布伦茨一带的莱茵河谷的设计为例，350 千米长的罗曼蒂克大道将几十个小城市串联在一起。这里有古朴的建筑、铺着小石板的道路和大片的绿地，加其特有的古堡、宫殿、葡萄种植园等景观，吸引了众多的游客。城里的古建筑是德国历史的缩影和文化的精华，也是德国人追溯历史的好去处。这种用大道将不同城市内容和形式的特点串联起来的文化长廊式的综合设计理念；在传统城市中并不存在，因此也可以将其看作随着文化的变迁、新功能的需求而产生的更新。

如果说城市环境的构成包含形式和内容两部分的话，那么建筑的外部空间就是城市的内容，而且空间的产生并不是任意的、偶发的，更不是杂乱无序的。它的成因深刻地反映着人类社会生活的复杂秩序，其中有外因的作用也有自身的想象。一个环境设计师必须使自己具备准确感知空间特征的能力，并训练自己的分析能力，以便判定空间特征与人的行为之间存在的对应关系。这种职业素养是创造和改善环境设计的基础之一。

不过，地方化城市环境的特征，主要是针对历史悠久、人口集中的城市而言。在我国，许多定型化了的古老城市正在经历一个新的历史性的改造过程，旨在使城市的发展既能满足功能的需求，又不致使文化风貌遗失。在变革中有序地延伸和更迭环境的形态，是城市建设中亟待研究解决的课题。

四、设计生态的特征

人类社会发展到今天，摆在面前的事实是近 200 年来工业社会给人类带来的巨大财富，并使人们的生活方式也发生了全方位的变化。工业化极大地影响着人类赖以生存的自然环境，森林、生物物种、清洁的淡水和空气、可耕种的土地等这些人类生存的基本物质保障正在急剧减少，更使得气候变暖、能源枯竭、垃圾遍地等负面的环境效应得以快速产生。如果按照过去工业发展模式一味地发展下去，我们的地球将不再是人类的乐园。这种严峻的现实问题迫使人类重新认真思考——今后应采取什么样的生活方式？是以破坏环境为代价来发展经济；还是注重科技进步，通过提高经济效益来寻求发展。作为一个从事环境设计专业的人员，也须对自己所从事的工作进行深层次的思考。

其一，人是自然生态系统的有机组成部分，自然的要素与人存在着一种内在的和谐感。人不仅具备个人、家庭、社会交往活动的社会属性，更具有亲近阳光、空气、水、植物等需求的自然属性。自然环境是人类生存环境中必不可少的组成部分。然而，人类的主要生存环境，是以建筑群为特点的人工环境。高楼拔地而起，大厦鳞次栉比，从而形成了钢筋混凝土建筑的森林。随着城市建筑不断向空间扩张，林立的高楼，形成了一道道人工悬崖和峡谷。城市是科学技术进步的结果，是人类文明的产物，但同时也带来了始料未及的后果，出现了人类文明的异化。人类改造自然建造了城市，同时也把自己驯化成了动物，如同关在围栏和笼子里的马、牛、羊、猪、鸡、鸭等动物一样；把自己也围在人工化的城市围栏里，离自然越来越远。于是，回归自然就成了现代人的一个共同梦想。

随着人类对环境认识的深入，人们逐渐意识到环境中自然景观的重要性，优美的风景、清新的空气既能提高工作效率，又可以改善人的精神生活，使人心旷神怡，获得美的感受。无论是城市建筑内部还是建筑外部的绿地空间，是私人住宅还是公共环境和优雅、丰富的自然景观，都会给人以长久而深远的影响。因此，这使得人们在满足了对环境的基本需求后，高楼大厦已不再是对环境的追求。如今，人们正在不遗余力地把自然界中的植物、水体、山石等引入环境空间，在生存的空间中进行自然景观的再创造。在科学技术如此发达的今天，环境设计使人们在生存空间中最大限度地接近自然成为可能。

环境艺术中的自然景观设计应具备多种功能，主要可以归纳为生态功能、心理功能、美学功能和建造功能。生态功能主要是针对绿色植物和水体而言，在环境中它们有净化空气、调节气温湿度、降低环境噪声等功能，从而成为产生较理想生态环境的最佳帮手。环境中自然景观的心理功能正在日益受到人们的重视。人们发现环境中的自然景观可以使人获得回归自然的感受，使人紧张的神经得到松弛，情绪得到调解；同时，还能激发人们的某些认知心理，使之获得相应的认知快感。至于自然景观的审美功能，早已为人们所熟识，它常常是人们的欣赏对象，使人获得美的享受与体会；与此同时，自然景观也常用来对环境进行美化和装饰，以提高环境的视觉质量，起到空间的限定和相互联系的作用，发挥它的建造功能，而且这种功能与实体建筑构件相比，常常显得富有生气、有变化、富有魅力和人情味。

在办公空间的设计中，“景观办公室”成为时下流行的设计理念。它一改枯燥、毫无生气的氛围，逐渐被充满人情味儿和人文关怀的环境所取代。根据交通工作流程、工作关系等自由地布置办公家具，使室内充满了绿化的自然气息。这种设计打破了传统空间格局的拘谨、家具布置的僵硬、单调僵化的状态，营造出了更加融洽轻松、友好互助的氛围，就像在家中一样轻松自如。“景观办公室”不再有压抑感和紧张气氛，而令人愉悦舒心，这无疑减少了工作中的疲劳，大大地提高了工作效率，促进了人际沟通和信息交流，激发了人们积极乐观的工作态度，使办公空间洋溢着一股活力，有效减轻了现代人工作的压力。

其二，具有生态学的“时间艺术”特征。即环境设计应是一个渐进的过程，每一次的设计，都应该在可能的条件下为下一次或今后的发展留有余地，这也符合培根所说的“后继者原则”。城市环境空间是城市有机体的一部分，有其自身的生长、发展、完善的过程。承认和尊重这个过程，并以此来进行规划设计是唯一正确的科学态度。任何一个人居环境都不是“个人作品”，任何一位设计师都只能在“可持续发展”的长河中完成部分任务。即每一个设计师既要展望未来又要尊重历史，以保证每一个单体与总体在时间和空间上的连续性，在它们之间建立和谐的对话关系。因此，既要从整体上考虑，又要有阶段性分析，在环境的变化中寻求机会，并把环境的变化与居民的生活、感受联系起来，与环境设计的构成联系起来。环境设计是一个连续、动态且渐进的过程，而不是传统的、静态的、激进的改造过程。

其三，在建造中所使用的部分材料和设备（如涂料、油漆和空调等），都在不同程度地释放着污染环境的有害物质。这就使现代技术条件下的无公害的、健康型的、绿色建筑材料的开发成为当务之急。环境质量研究表明：用于室内装修的一些装饰材料在施工和使用过程中会释放污染环境的有害气体和物质，诱发各种疾病的产生，影响健康。因此，当绿色建材逐步取代传统建材而成为市场上的主流时，才能有效改善环境质量，提高生活品质，给人们提供一个清洁、幽雅的环境艺术空间，保证人们健康、安全地生活，使经济效益、社会效益、环境效益达到高度的统一。

综上所述，21 世纪的环境设计需要具备生态化的特征，这种生态化应有两个方面的含义：一是设计师须有环保意识，尽可能多地节约自然资源，减少垃圾制造（广义上的垃圾），并为后续的发展、设计留有余地；二是设计师要尽可能地创造生态友好的环境，让人类最大限度地接近自然。这也就是我们常说的“绿色设计”的核心内涵。

第二节　环境设计的现实发展

一、环境设计的历史发展

（一）原始社会阶段的环境设计

在原始社会，环境设计与原始人类的生活直接联系在一起。生产劳动作为人类最基本的实践活动，是孕育环境设计的主要方面。而作为劳动的结果，诸如用茅草树皮盖的简陋的房屋，山洞的壁画，各种陶器等等，由于积淀了劳动者的智慧和创造力，同时也遵循美的规律来建造，其中存在艺术的成分，故称其为最早期的环境设计。

(二)农业社会的环境艺术设计

农业社会的发展有着漫长的历史,人类从原始社会向农业社会过渡期间对剩余的物质资源的分配出现了失衡,因而诞生了阶级社会。随着时间的推移,农业社会在政治、经济、文化方面均取得了巨大的进步,人类的力量也越来越强大。人们进行了许多大规模的改造自然的活动,并取得了丰硕的成果。例如,中国的长城、罗马的斗兽场、埃及的金字塔等,但是由于地域的不同造成了文明发展的不同,各地区的政治、经济、文化等都发生了不同程度的碰撞。有的文明被消灭、有的被同化,只有少数的文明被发扬光大了。因此,在环境艺术设计上出现很多昙花一现的艺术形式。

(三)工业社会的环境艺术设计

工业社会的发展只有百年左右,首先在欧美国家出现了一系列企图摆脱工业化道路的设计运动。现代风格的环境艺术设计产生,从风格上讲是工业化进程的成果;从意识形态上讲,是部分欧洲知识分子思想交融的结果。现代主义风格的环境艺术设计的思想内容是民主的、社会的、大众的、无产阶级的、批量生产的、低造价的现代主义环境艺术设计。

(四)信息化时代的环境艺术设计

人类社会已经进入了信息社会或后工业社会,“后工业”这一词汇常被用来指一种计算机化的“信息”社会或“知识”社会,但其语汇使用的历史表明,它被用来覆盖各种各样殊异的“信息”或“知识”概念,并包含形形色色与工业社会有关的属性的多种预想。世界呈现出一种前所未有的状态,致使我们对于任何传统事物都需要质疑。“否定一切”便成了无可非议的人生哲学,甚至连“距离”“时间”“空间”的概念都发生了改变。人们在这个模糊、交叉、互融的后现代社会中开拓着前所未有的世界,由此“后现代”也开创着一种全新的审美设计思维方式。

二、环境设计的发展趋势

(一)回归自然

人类与环境的相处可分为四个阶段。第一阶段是恐惧与被动接受,把自然当成天敌，盲目利用自身有限的条件进行抵抗；第二阶段是适应和有限利用，选择有利的自然条件来创造环境，以满足不同室内外活动的需求；第三阶段是侵略和征服，为了短期效益而对自然进行无休止的索取，无视自然条件合理地运用，使自然环境受到无情地吞噬和破坏；第四阶段是负责任地利用并与之和谐共处。在总结了第三阶段人类带给环境的不良影响后，我们便开始重视环境因素，对其进行保护，并与自然和谐相处。此举，对室内外环境艺术的设计也产生了深远的影响。现代环境设计观念的发展趋势之一就是向自然回归。

唐代诗人李白的“小时不识月，呼作白玉盘。又疑瑶台镜，飞在青云端”的诗句描述了人对自然的认识，同时记录了人们从“触景生情”到“寄情于景”再到“以景托情”最终到“以情绘景”的过程。目前，采用以“征服自然”的思想来建设环境的例子不胜枚举，如何向自然回归，负责有效地利用自然条件的理论和方法还处于探索阶段。例如，北京十三陵的设计则是一个值得我们学习的古老而宏伟的实例，它借助外部环境本身所具有的独特且富有感染力的空间形态这一自然环境条件的设计思想，是一个运用自然环境回归自然的非常有效的方法。甬道端头的十字拱亭坐落于半圆山脉的中央，与山脚下的十三座碑亭共同构成了一个群山环抱的弧形空间，形成了一个气势恢宏的纪念性环境。

环境设计应遵循亲近自然与回归自然的原则。例如，在社区环境中，强调原生态环境与社区生活活动的融合，用核心绿地、庭院绿地、小尺度的步行广场同核心景观带、步行道一起构成环境中的绿色景观走廊，将整体的、组团的、邻里交往的空间与自然流动的建筑、景观空间相融合。

总之，在室内外环境的创作中要更多地利用自然条件，以减少对环境原貌的破坏，并促进环境中植物与动物的生存发展，使室内外环境成为一个更有利于人类健康发展的生存环境。

(二)追溯历史

由纪念性活动所催生的人类精神与文化一直是环境设计发展的动力之一。在全球经济一体化的同时，城市的历史、文化的本位，特别是发展中国家的本土文化不可避免地受到冲击。地区间差距缩小的同时，也带来了城市间环境的相似。而这种文化的国际化带来的环境趋同现象，忽略并抹杀了地区的差异性和历史文化的多元性，这与整个世界发展多元化的要求是背道而驰的。

随着人们环境意识的提高和环境设计学科的兴起，我们应更加关注人居环境的精神内涵和历史文化气质，应更加关注城市环境文化上的构成形式与精神及行为之间的关系等问题。无论什么时代的城市都不能脱离其历史背景而存在，环境艺术的发展也不能以破坏原有城市底蕴和城市肌理为前提。由此，在对历史文化失落的反思中，各国纷纷对本民族历史文化进行重新认识、定位。随着经济的发展，向历史回归、对本地文化历史的自我肯定将成为21世纪的趋势，因此环境必然发展成为“人性”的环境。恢复历史、建立人类环境文化的整体意识，用新的价值精神、哲学伦理去创造环境，才能达到人类精神的复兴。

在现代社会，切实保护与合理利用历史文化遗产是许多国家文化发展的重要方向之一。在历史发展过程中形成的环境——包括建筑小品、街巷以至自然环境风貌，都是地方传统文化的载体，正是这些载体成为使人们联系在一起的重要精神纽带。其本身就是极具价值的环境艺术资源。它们的存在对提升人类的环境品质与文化内涵具有不可替代的作用，随着社会文明的发展，许多历史建筑和环境被列为受到政府保护的文物，联合国教科文组织更以“公约”的形式，确立起了世界性的人类文化与自然遗产保护条例。

综上所述，“向历史的回归”在环境设计的过程中主要体现在以下三个方面：一是设计中对历史文化精神与设计思想的继承；二是历史文化及设计元素在设计中的回归；三是在设计中对历史环境正确的保护及修缮。

（三）迎合现代

从微观角度而言，每一个环境的构成都离不开特定经济技术条件所提供的物质保证，如构成环境界面的材料。环境之中的各类装饰和设施无不留下了当时科学技术的印迹。例如，霍莱因在慕尼黑奥林匹克村小游园的设计中，创造了一个集空调、照明、音乐、电视等多种服务的广场，体现了运用当代科学技术在创造全新的室外环境模式方面的追求。

从建筑小品、室内设计及室外环境设计的发展历程来看，新的风格与潮流的兴起，总是和社会生产力的发展水平相适应。社会生活和科学技术的进步，人们价值观和审美观的转变，都促进了新型材料、结构技术、施工工艺等在空间环境中的运用。环境设计的科学性，除了物质及设计观念上的要求外，还体现在设计方法和表现手段等多个方面。

环境设计需要借助科学技术的手段，来达到艺术审美的目标。因此，科学技术将被更多的设计师所运用，它说明了环境设计科技系统渗透着丰富的人文科学内涵，具有浓厚的人性化色彩。自然科学的人性化，是为了消除工业化、信息化时代科学对人的异化、对情感淡忘的负面作用。如今自然科学、环保等许多现代前沿学科已融入环境设计领域，而设计师业务手段的计算机化，以及美学本身的科学走向、设计过程中的公众参与及以人为本的设计理念，又拓展了环境设计的科学技术天地。

第三节　环境设计的基本原则

环境设计涉及领域较为广泛，不同类型项目的设计手法也有所区别；但就环境艺术的特点和本质而言，其设计须遵循以下原则。

一、以人为本的原则

人是环境的主体，环境设计是为人服务的，必须首先满足人对环境的物质功能需求、心理行为需求和精神审美需求。在物质功能层面，环境设计应为人们提供一个可居住、停留、休憩、观赏的场所，处理好人工环境与自然环境的关系，处理好功能布局、流线组织、功能与空间的匹配等内部机能的关系；在心理行为层面上，环境设计必须从人的心理需求和行为特征出发，合理划分空间领域，满足不同规模人群活动的需要；在精神审美层面上，环境设计应充分研究地域自然环境特征，注重挖掘地域历史文化内涵，把握设计潮流和公众审美倾向。

二、整体设计原则

整体设计首先是对项目的整合设计，项目无论大小都应从整体出发，从大环境入手处理各环境要素以及它们之间的关系，注意环境的整体协调性和统一性。其次是学科之间的交叉整合，综合运用环境心理学、人体工程学、生态学、园艺学、结构学、材料学、经济学、施工工艺以及哲学、历史、政治、经济、民俗等多学科知识，同时借鉴绘画、雕塑、音乐等门类的艺术语言。最后是设计团队的合作，建筑师、规划师、艺术家、园艺师、工程师、心理学家等与环境设计师共同完成对环境的改善与创新。这里需要指出的是，当代环境艺术的审美价值已从“形式追随功能”的现代主义转向情理兼容的新人文主义；审美经验也从设计师的“自我意识”转向社会公众的“群众意识”，使用者也成为设计团队中不可或缺的组成部分，设计应重视大众的文化品位对设计方向的引导作用，设计过程中亦应积极引入“公众参与”的机制。

三、形式美的原则

环境是我们工作、生活、休息、游玩的活动场所，并以其自身的艺术美感给人们带来精神上的愉悦。音节和韵律是音乐的表现形式，绘画则通过线条塑造形象，环境艺术的形象则蕴含在材料和空间之中，有其自身形式美的规律，如比例与模数、尺度感与空间感、对称与不对称、色彩与质感、统一与对比等，这些美学原则成为指导现代环境设计形式美的重要法则。

(一)统一与变化

统一与变化是形式美的主要关系。统一意味着部分与部分及整体之间的和谐关系，就是在环境设计中所运用的造型的形状、色彩、肌理等具有协调的构成关系。变化则表明其间的差异，指环境设计中造型元素的差异性，如同一种线型在长短、粗细、直曲、疏密、色彩等方面的变化。统一与变化是辩证的关系，它们相互对立而又互相依存。过度统一易使整体空间显得单调乏味、缺乏表现力，变化过多则易使整体杂乱无章、无法把握。统一应该是整体的统一，变化应该是在统一的前提下的有秩序的变化，变化是局部的。

（二）对比和相似

对比是指互为衬托的造型要素组合时由于视觉强弱的结果所产生的差异因素，对比会给人视觉上强烈的冲击力，过分强调对比则可能破坏相互间的协调，造成彼此孤立。相似则是由造型要素组合之间具有的同类因素。相似会给人以视觉上的统一，但如果没有对比会使人感到单调。

在环境设计中，形体、色彩、质感等构成要素之间的差异是设计个性表达的关键，能产生强烈的变化，主要表现在量（多少、大小、长短、宽窄、厚薄）、方向（纵横、高低、左右）、形（曲直、钝锐、线面体）、材料（光滑与粗糙、软硬、轻重、疏密）、色彩（黑白、明暗、冷暖）等方面。相同的造型要素成分多，则空间的相似关系占主导；不同的造型要素成分多，则对比关系占主导。相似关系占主导时，形体、色彩、质感等方面产生的微小差异称为微差。当微差积累到一定程度后，相似关系便转化为对比关系。

在环境设计领域，无论是整体还是局部、单体还是群体、内部空间还是外部空间，要想实现形式的完美统一，都不能脱离对比与相似手法的运用。

（三）均衡与稳定

在远古时期，人们就对重力产生了崇拜，并且在生活实践中逐渐形成了一套与重力相关的审美观念，这就是所谓的均衡与稳定。在自然现象中，人们发现一切事物要保持均衡与稳定必须满足一定的条件，犹如树一般：树根粗，树梢细，呈现一种下粗上细的自然状态；或如人的形象，左右对称等。实践证明，凡是符合这一原则的造型，不仅在构造上是坚固的，而且从视觉的角度来看也是比较舒适的。

均衡是部分与部分或整体之间所取得的视觉上的平衡，有对称和不对称两种形式。前者是简单的、静态的，后者则随着构成因素的增多而变得复杂。具有动态感对称的均衡是最规整的构成形式，对称本身就存在着明显的秩序性，通过对称达到统一是常用的手法。对称具有规整、庄严、宁静、单纯等特点。但过分强调对称会产生呆板、压抑、牵强、造作的感觉。对称有三种常见的构成形式：①以一根轴为对称轴，两侧左右对称的称为轴对称，多用于形体的立面处理上；②以多根轴及其交点为中心的称为中心轴对称；③旋转一定角度后的对称称为旋转对称，其中旋转180°的对称为反对称。这些对称形式都是平面构图和设计中常用的基本形式，古今中外有很多的著名建筑都是通过对称的形式来获得其均衡与稳定的审美追求及严谨工整的环境氛围的。不对称的均衡没有明显的对称轴和对称中心，但具有相对稳定的构图重心。不对称平衡形式自由、多样，构图活泼，富于变化，具有动态感。对称平衡较工整，不对称平衡较自然。在我国古典园林中，建筑、山体和植物的布置大多采用不对称的均衡方式布置的设计方法。而今，随着环境艺术空间功能日趋综合化和复杂化，不对称的均衡法则在环境艺术中的运用也更加普遍起来。

(四)韵律与节奏

韵律与节奏是由构图中某些要素有规律连续重复产生的，源于音乐中的术语，后被引入到造型设计中来，用以表达条理性、重复性等美的形式。韵律运用于环境设计，主要体现在空间与时间关系中环境艺术构成要素的重复。如园林中的廊柱、粉墙上的连续漏窗、道路边等距栽植的树木都具有韵律节奏感。重复是获得节奏的重要手段；简单的重复显得单纯、平稳；复杂的、多层面的重复中各种节奏交织在一起，能使构图丰富产生起伏、动感的效果，但应注意使各种节奏统一于整体节奏之中。

简单韵律。简单韵律是由一种要素按一种或几种方式重复而产生的连续构图。简单韵律使用过多易使整个气氛显得单调乏味，有时可在简单重复基础上寻找一些变化。例如，我国古典园林中墙面的开窗设计就是将形状不同、大小相似的空花窗等距排列，或将不同形式的花格拼成形状和大小均相同的漏花窗按等距排列。

渐变韵律。渐变韵律是由连续重复的因素按一定规律有秩序地变化形成的，如长度或宽度逐次增减，或角度有规律地变化。

交错韵律。交错韵律是一种或几种要素相互交织、穿插所形成的表现形式。

在环境艺术中，韵律不仅可以通过元素重复、渐变等表现形式体现在立面构图、装饰和室内细部处理等方面，还可以通过空间的大小、宽窄、纵横、高低等变化体现在空间序列中。例如，中国古典园林中将观赏景物的空间，设置于亭、廊等构图制高点的中心地带，形成优美的景观景物画面，使得此处往往成为游人最多、逗留最久的地方；在动态观赏的空间组织中，则从构图的边界和景色的更替入手，使游人移步景异，给过往的人群，通过对暗含其中的韵律美的设计，不仅能形成一种愉快和连续的趣味感受，而且也使人们对于结尾要出现的意外收获充满期待。

韵律美在建筑环境中的体现极为广泛，从东方到西方，从古代到现代，我们都能找到富有韵律美和节奏感的建筑。

四、创新原则

环境设计除了要遵循上述设计原则以外，还应当努力创新，打破大江南北千篇一律的局面；深入挖掘不同环境的文化内涵和特点，尝试新的设计语言和表现形式，充分展现出艺术的地域性所形成的个性化的艺术特征。

置身于任何一个建筑环境中，人们都会很自然地注意到环境的各种构成要素，如空间、形态、材质等。在建筑环境中，正是通过这些要素不同的表现形态和构成方式使人们获得丰富多彩的生存环境。这些环境要素作用于人们的感官，使人们能够感知它、认识它，并透过其表现形式，掌握环境的内涵，发现环境的特征和规律，使人更舒适惬意地在环境中生活。然而，单纯的环境要素集合并不足以形成舒适的环境，只有当它们之间以一定的规律结合成一个有机的整体时，环境才能真正地发挥其作用。而面对诸多的环境要素，设计人员不能因此而迷失方向，需掌握每一要素自身具备的特征，并熟悉其构成的规律，才能在各类环境的艺术设计中达到游刃有余的境地。

(一)空间

所谓空间,可以理解为人们生存的范围。大到整个宇宙,小至一间居室,都是人们可以通过感知和推测得到的。环境的空间分为建筑室外空间和建筑室内空间。作为环境质量和景观特色再现的空间环境,总是在不断发展变化着和始终处于新旧交替之中;并且,随着技术经济条件、社会文化的发展及价值观念的变化,还在不断产生出新的具有环境整体美、群体精神价值美和文化艺术内涵美的空间环境。但值得注意的是,随着材料和技术日新月异的进步,使人们对环境空间的多样化需求成为可能,表现在对室内空间与室外空间的概念的界定方面在有些情况下变得相当模糊。例如,现代建筑中大量采用大面积的幕墙玻璃或点阵玻璃作为室内空间一个面或几个面的立面围合,虽然从物理的角度而言,这种空间的围合仍然完整,但因为玻璃的通透性质,使人们对这种围合空间的心理感受游离于"有"与"无"之间,从而使室内与室外变得更为融通。再如,中厅或共享空间的透光顶棚设计,将蓝天和阳光引入室内,也能大大满足人们在室内感受自然的心理需求。更有一些现代主义设计者强调运用构成的形式,从而形成多种不确定的界面组合,形成了介于室内空间与室外空间之间的中介空间。这种多元化空间变化的出现满足了多层次人群的使用需求。

(二)形态

形态是指事物在一定条件下的表现形式。环境中的形态具有具体外形与内在结构共同呈现的综合特性。环境设计的创意首先体现在形态上,大致可分为自然形态和几何形态两种形式。自然界中经过时间检验、岁月洗刷呈现于我们眼前的万物,是设计师们取之不尽的设计源泉。从自然界中汲取灵感的仿生设计对现代设计产生了深远影响。建筑师曾模拟贝壳结构、蜂窝形态等设计出了大量优秀而新奇的作品。例如,建筑大师高迪的设计思想就是源于对大自然和有机世界的认识和借鉴,他的作品形态新颖、生动多变,并且富有极强的生命力。在公共环境中采用自然形态造型的设计随处可见。几何形态如方体、球体、锥体等都有着简洁的美学特征，基本几何体经过加减、叠加、组合，可以创造出形式丰富的几何形态。现代主义、解构主义等设计流派的许多优秀作品便是几何形态的生动演绎。此外，还有很多颇有意趣的环境设计形态取材于社会生活中的事物或事件，它们通常运用夸张、联想、借喻等手法的处理，更多地表现了地域文化及习俗，其多元化、注重装饰以及娱乐性的特征，颇有后现代主义的风格。环境设计通过其形态特征可以对人们的心理产生影响，使人们产生诸如愉悦、惬意、含蓄、夸张、轻松等多种不同的心理情绪。正因如此，从某种意义上而言，环境形态设计的成败即在于能否引起人们的注意，并使人参与空间环境中来。

第四节 环境设计的具体内容

一、自然环境设计

自然环境（湖泊、田野、山川、河流、土壤、植被、气候等）是大自然最珍贵的赐予，也是构成城市特色的最重要因素之一，它通常是决定一座城市形象的前提。环境设计首先要理解在自然景观的大背景下，恰当处理好土地的自然状态与人工建筑之间的关系。不同的土地自然状态对城市的形成和发展会产生非常大的影响，如平原地区，其景观特征为平缓广阔，城市建设受自然地形约束较少，城市发展潜力较大。在环境设计中，可考虑对重点地段地形、建筑群的配置等采取优化措施。例如，地形上可挖低垫高、堆土成岭等，房屋建筑上可高、中、低合理配置，从而避免城市空间的单调。丘陵地区地形变化大，环境设计中务必充分利用自然地形，灵活布置城市的各种建筑设施。特别是要将山体作为城市空间的重要构成要素。河湖水域地区在环境设计中也大有文章可做，水是最富有表现力的自然景观元素，可利用水面组成秀丽的城市景色。环境设计和具体建设中自然要素的利用和保护要积极、务实，既要最大限度地保护好山水景观资源，又要结合实际情况，创造性地开发建设自然景观和人文景观。

二、建筑形态设计

特色鲜明的建筑是一个高品位城市的重要标志，例如提到故宫，我们马上会想到北京；讲起古城墙，我们马上会想到西安；谈起广播电视塔，我们马上会想到上海等城市。城市中建筑物的体量、尺度、比例、空间、功能、造型、材料、用色等对城市空间环境具有极其重要的影响。建筑只有组成一个有机的群体，才能对城市环境建设作出积极贡献。在城市规划设计中，应坚持环境设计"整体大于局部"的设计理念，注重建筑物形成与相邻建筑物之间的关系，其他的内外空间、交通流线、人流活动和城市景观等建筑设计不应唯我独尊，而应关注与周边环境或街景一起，共同形成整体的环境特色。从管理和控制上看，其内容应包括建筑体量、高度、容积率、间距、外观、色彩、沿街后退红线、风格、材料质感等方面。无论环境规划管控，还是环境景观设计，都应坚决对建筑形态的设计鲜明地提出鼓励什么，不鼓励什么，抑或反对什么。

三、绿地系统设计

绿色是城市美的象征。城市绿地可让市民回归自然，更重要的是它还可在平衡城市生态中起到重要作用。因此，环境景观设计中，我们既要考虑此要素的美观，又要让它在城市生态环境保护中作用最大化。树立大绿化思想，有限的绿地难以有效地改善气候和实现生物多样性，城市绿化不能孤立、静止、片面地以点论点、为绿而绿，而是需要城乡统筹规划，全面控制，构建全方位多层次的绿化体系。坚持以人为本，广场、游园等选址不应在市区边缘、过境公路边，要靠近居民区；注重道路绿化的同时重视社区绿化；重草坪更重树木，避免市民承受暴晒之苦；重视乡土树木种植，避免外来品栽而不活、活而不长、长而不大。在环境设计和建设中要让绿地体贴人、关怀人、吸引人、人性化、有人情味。尊重自然和科学，自然、真实就是美。对大自然的一草一木重取慎舍，突出地方山水特色、植被特色。种植中因地制宜,讲究科学:根据土壤成分,宜酸则酸,宜碱则碱;根据日照时间,宜荫则荫,宜阳则阳;根据地下水位,宜旱则旱,宜湿则湿;根据场地功能要求,宜树则树,宜草则草;根据水土实际状况,宜土则土,宜洋则洋。

四、环境设施与建筑小品设计

城市环境设施与建筑小品虽然不是城市空间环境的决定要素,但在空间的实际使用中给人们带来的方便和影响也是不容忽视的,一处小小的点缀可以为城市环境增色,并起到意想不到的效果。环境设计中千万不可忽视。第一,要将其放在城市大环境中整体把握,使之与城市总体风格保持一致。此外,还要将其放在所在空间的小环境下考量,使之与周边环境相协调。第二,应结合其功能和布点环境要求,在造型、色彩、比例、功能等方面科学设计,精心建设,以提高城市的文化艺术品位。建筑小品一般以亭、廊、厅、雕塑、花架、果皮箱等各种形式存在,即可以单独设于空间中,又可以与建筑、百货店、电话亭一样都具有独立的功能。花台、台阶、水池、座椅、凳等环境设施既可是艺术化的小品,又可以多种功能兼具。总之,城市环境设施与建筑小品既要满足人们对其装饰性、工艺性的需求,又要满足人们对其功能性、科学性的需求。

第三章

环境设计专业教学实践的现状及问题

第一节　环境设计专业所存在的教学困境

一、课程体系没有特色，缺乏可持续优化

环境设计专业的教学没有一个统一的课程参照标准，除了室内设计、景观设计等核心课程，很多开设环境设计的普通高校都是根据自身的条件和师资结构开设课程，导致课程质量良莠不齐，甚至很多专业教师对于自己担任的课程只是一知半解。环境设计与社会、时代发展联系最为紧密；环境生态、市场需求总是处于日新月异的变化发展中，而教学内容过时、不注重新材料和新技术的研究，常导致专业知识的滞后，设计脱离市场，教学与社会联系不紧密，设计的市场性、功能性、时代性缺失，使教学无法实现适应市场的可持续优化。同时从发展的角度来看，借鉴吸收各国先进有益的设计经验是非常必要的，但是由于各个国家所处的社会、政治、经济、文化背景不同，所以其设计教育的发展模式也是不同的。我国的环境设计专业也应找到适合中国国情的、符合中国环境市场发展的、具有中国特色的、并能展现各校专业竞争特点的办学模式。

二、基础教学彼此分离，难以支撑专业深化

设计通识课程未能实现有机结合，基础教学似乎与其他专业学科教

学平行和相对独立的，导致基础课与基础课之间、基础课和专业课之间，都呈现出一种“各自为政”的教学现象。环境设计学科体系复杂，基础课教学需要为多专业方向给予支持的问题，对“大基础”平台要求高，但是当下很多高校的专业基础课程所制订的教学计划、教学大纲都完全源于自己学科的传统思维方式和规律特点，教学上也只考虑单一课程的学习方法。缺乏与其他基础课程及后续专业教学方法的有效沟通，最后就常常导致基础与专业无法做到有效衔接，难以为后续的专业深化阶段提供更好的基础支撑，课程安排与结构均无法实现学科关系所需的知识串联。

设计教学中最常见的问题就是造型基础与设计基础的分离。从传统意义上来说，造型基础课程主要包括素描、色彩、速写，最原始的目的在于提高学生的绘画能力与观察能力。环境设计专业的造型基础课通常会安排在大学的第一学年，主要是作为由考前传统绘画学习进入专业学习的过渡，因此除了是对学生绘画基础能力的一个巩固与提高过程，同时也是开展其他课程教学的专业预备教育和先导课程（陶伦《艺术设计基础教学体系研究》）。然而很多设计专业的造型基础课程只是从传统绘画教学的形式出发，延续纯美术专业的教授方法，但又达不到绘画类专业的训练强度，导致教学目的其实是不明确的。学生在课程中只是单纯的绘画训练，与设计基础乃至环境设计专业全无关系。这种基础教学过于单一，学习意义与专业价值大打折扣。

因此，传统的基础教学对于环境设计学科而言已经过于狭隘，我们需要打破专业界限、有效整合的基础课程，同时各门课程的教师也应明了环境设计专业的特点，互相沟通交流，共同根据专业特点定制教学。只有实现课程结构的整体规划、提高课程针对性，专业基础教学才能真正改进，做到有效、实用。

三、设计思维的培养欠缺，培养目的不清晰

创新思维与逻辑思维是衡量设计师优秀与否的一个重要标准。一直以来，环境设计并没有建立起系统的、整体的理论研究体系，在教学上通

常为了迎合设计市场的职业化需求，教学多强调电脑制图、工程操作等应用技能的培养；而对于拓展设计思维、运用设计方法等培养创新能力方面的投入极其有限；像设计方法学、市场调研、建筑思考等引导学生进行设计思考的课程非常少，相关的设计研究与实践经验也非常缺乏，只有少数院校开设了这类课程，而且一些高校即使开设了思维培养的相关课程，关注度和教学投入度也非常低，教师不重视，学生更加没有学习意识，导致设计作品缺乏思想和创意，丧失了环境艺术整体设计观念的表达。当下的毕业生普遍表现出设计创新能力弱，环境设计专业的毕业生很难做出艺术与技术价值双高的环境设计作品。由于其只关注形式训练、没有专业特色创新观念，学科教学中关于设计的创新型思维训练课程稀缺，缺乏逻辑思维培养，忽视了艺术概念的引导性对实践的重要意义。环境设计不仅仅只有人文艺术内涵，其是由科学技术、逻辑推导技术、艺术形象技术共同融合的专业，因此设计思维的培养是非常重要的。关于环境设计培养的是设计师还是制图工匠的问题上，是目前很多高校的课程体系难以回答的。

四、文化综合素养缺失

在设计中，优秀的设计作品除了能满足基本的使用功能，还应具有一定的视觉审美价值和文化精神内涵。环境设计作为对人居社会关系的统筹规划，必然要考虑到设计对象的文化背景与地域因素。这就要求设计者在设计方面能做到因地制宜、以人为本，具备一定的文化素养。而很多专业教学体系不够完善的院校所培养的学生，因为在基础学习阶段没有文化素养的培训和意识，在方案训练和实践工作中通常缺乏设计品位和文化内涵，在未来的职业化发展过程中也很难达到一定的设计高度。所以在环境设计的基础教学中，美学知识、相关哲学理论、文化历史概论、生态学等内容都是不可忽视的。同时在实践训练中，多引导学生对设计项目的相关历史背景、地域人文进行调研了解，从综合物质与精神层面的各种知识来认识环境、理解环境；通过对设计的理性认知来加强感性创作，从而创作出真正有文化价值的设计作品。

五、教学实践缺乏职业化指导

不断提高的审美要求以及精神内涵，导致人居环境的需求不断提高。环境设计作为一种动态设计，其市场需求也在不断发生变化。随着人们艺术欣赏水平的提高，对设计者的要求也在不断增加，这给环境设计专业的教学带来了更多更新的挑战。从市场需求的角度出发，设计行业的专业人才需求量呈现增长趋势，环境设计的内容变的更加广阔和复杂，对设计人才的专业素质及实践能力也提出了更高的要求。

目前环境设计专业的人才培养质量难以达到社会所需的专业标准，甚至专业认可度在日益降低。追根溯源是因为现阶段我国部分高校在环境设计教学中专业知识滞后性，教学计划跟不上市场变化，导致环境设计的教学与设计市场之间的矛盾日渐突出，课题训练与实际工程差异过大，学生缺乏必要的动手能力，人才适应能力偏低。无法解决实际工作中的设计问题，致使设计者与设计市场断层而无法满足社会的需要。

因此，只有毕业生在走出校园后适应社会的需求才是好的专业教育。环境设计教学也不会例外，其应该从市场的需求为出发点，将专业教学和市场需要紧密结合，培养学生在专业理论水平和实践操作水平的全方位能力发展。只有这样才能为社会实现专业人才的有效输送，提高教学水平的发展。

第二节　环境设计专业基础教学的重要性

一、环境设计专业基础教学的特点

对于设计教育而言，基础教学的作用就如同实现建筑的地基、培育植物的土壤，是设计教育最根本、最重要的环节。设计的基础，实际上就是设计专业的共性特征与必备技能，将直接影响未来设计创造的高度与广度，是艺术设计实现创造价值的必要条件和关键因素。设计基础教学最早源于包豪斯的三大构成基础课以及传统美术教学；并沿用发展至今。随着时代的发展，设计专业研究的不断深化以及市场需求的日益丰富，传统的构成与造型基础已不能为知识体系庞大的设计分支提供完备的理论及技术支持了。只有创建符合设计专业市场规律的、与时俱进的基础教学模式，才能实现设计教学的可持续发展，让设计教育能够保有时代性与科学性，具有实用意义。

设计基础教学属于专业教学前期的预备与辅助阶段，在课程结构上应能满足后续设计教学的发展。在这个阶段，教学知识点安排的连续性、合理性至关重要。基础与基础之间既要有机地紧扣关联，又要避免教学内容的重复。在教学过程中，设计基础应更有效地服务于专业设计，设置针对性强、拓展面宽的课程内容，让基础知识能真正地被学生吸收消化，并在之后的专业设计实践中学以致用。

环境设计专业因为其本身复合型的学科特点，内容丰富、学科结构错综庞大，对于基础教学有着更复杂、多面的需求。基础课的内容要求面广而技精，在教学上，应该考虑专业综合基础课程如何与多方向专业设计课程实现有机结合，专业设计的意识应渗透于整个基础教学的课程中。环境设计教学要想实现基础课与专业课的链接，需要抓住各个大学科方向的知识交叉点与共同方法论，并由浅到深地编织大基础平台，形成递进、有序的知识链接。

二、基础课程在环境设计教学中的重要性

环境设计学科的基础教育是一种“宽平台、厚基础”的课程结构，基础教学的完善性与合理性对之后的专业深化有着决定性的影响。其重要意义主要在于对设计意识、设计方法、设计语言三个方面的引导和培养。

首先，设计意识的建立。环境设计是对整个人居环境空间的整体设计，因此不是对单一环境问题的表象研究，而是将各门艺术收纳在一个共享空间中的统筹协调。设计对象是多变的空间场所形态，具有时间的流

动性和空间的相对性。因此，整体环境观意识的确立和统筹型设计思维的培养在基础课中至关重要。设计作为创造性的劳动，设计意识、设计思考直接作用于设计行为的表达。环境设计专业在基础教学阶段中必须让学生养成良好的整体设计意识，了解环境设计的规律和方法。

其次，设计方法的形成。环境设计专业包含的设计方向较多，因此在基础阶段就要让学生形成观察、分析、理解、再思考等一系列的设计方法。由于人文地理是存在差异性的，没有万能型的设计方法可以解决所有设计问题。所以，环境设计的基础教学中的设计方法，其实就是培养学生从理性认知到感性表达的过程。理性的认知需要涉及物象观察、市场调研、分析比较等，最终整理确定设计的需求和实践可行性，为下一步深化设计做准备；而感性的表达则是在了解设计对象后，结合创意的设计意识对其进行符合需求的个性创造。在基础训练课程中，市场实践型的课程以及方法论课程能够让学生快速理解市场、方法、创意之间的关系。让学生学会主动思考，懂得如何看待设计问题，并知道怎样参与到设计活动中去，做到有的放矢。

最后，设计语言的表达。有了设计意识，学会了设计方法，接下来需要通过技巧展现设计的语言。这里说的语言主要是形象构思能力和科学表达能力。由于美术专业的学科背景，学生在进入专业学习之前，已具备基础的绘画表达能力。然而这些传统的绘画表达是感性的、主观的，环境设计基础教学中的形象构思能力是在感性基础上对设计构思更加理性化的、概括化的呈现，因此需要眼手脑能力的综合运用，最有效的训练就是设计素描和速写。由于环境设计有工程特征，与自由的绘画方式相比，还需要更加严谨和规范的科学表达方法。以建筑制图课程为例，建筑制图是一门要求精准的设计语言，它是设计师与业主、施工方以及同行间交流的工具。这种语言就是训练学生掌握规范、准确的建筑绘图方法，学会运用投影法去理解、表现建筑。可见，环境设计专业的设计表达方法是有其独特性的，若能掌握形象表达与科学表达，做到得心应手，那在之后的设计中处理构思、处理问题都会顺利很多。只有在基础阶段就进行这样的表达方法训练，才能提升设计表现能力，并养成良好的作图习惯。

第三节 高校环境设计基础教学模式比较

一、综合类大学环境设计专业的基础教学概况

北京林业大学的环境设计专业在国内高校中因为其较强的专业性而位列前茅，有着较高的报考率与就业率。北林的环境设计专业是艺术设计大专业下的分支专业，其他的分支专业还有视觉传达设计、动画设计和工业设计。

近5年来，北林的环境设计专业从室内设计为主的单一型模式逐步调整并发展成为多方向的均衡型专业模式，有着非常鲜明的专业发展对比。

在单一型模式时，北林就非常重视专业的拓展性，也不是完全意义上的单一。教学上以递进式学习方式展开，大一以造型基础、构成基础、制图基础、理论基础为主，培养学生的专业基本能力，并有大量的专业选修课供学生拓展学习；大二开始设计基础及软件基础，以建筑基础、设计表达、手绘表现技法、人体工程学、CAD、3D等为主要课程；大三深入专业学习，主要以室内设计为主，分为家居空间设计、公共室内空间设计两个部分，并配合开设家具设计、陈设设计、展示设计等课程；大四第一学期开设景观设计，并配合照明设计与公共设施设计等课程。

而现在的均衡型模式中，大一仍以造型基础、构成基础和理论基础为主，专业课程包括素描、色彩、三大构成、美术史和专业概论，专业概论分成四个大节，让学生了解四个设计专业方向；大二以设计基础和理论基础为主，课程包括建筑设计基础、设计表达、透视制图、空间构成、计算机辅助设计、模型制作、综合材料、专业赏析、家具史、设计史等；大三进入设计专业课，课程以室内设计和景观设计为主，两门专业课每学期理论课48学时，实习课8学时，教学内容围绕项目与设计方案展开，并开展基础支

撑学科，围绕室内设计仍开设家具设计、陈设设计、展示设计及装饰与施工工程等课程；围绕景观设计，除了原有的公共设施设计课程，还利用北林顶尖的园林及园艺学科的优势，加设了园艺基础、植物基础等课程，构建更全面的专业知识体系。

北林的基础教学与专业设计形成完整的课程体系，内容丰富合理。但造型基础教学上与专业结合不算紧密，各个支撑学科之间没有达到完全的有机结合。此外综合类大学在大学一二年级有较多其他类型的必修通识课程，这在一定程度上可能会制约专业基础课的合理安排，众多课程同时开展，学生很难消化。再者就是建筑基础的薄弱，虽然现在建筑基础课有所增加，但真正意义上解决建筑基础问题是有难度的。

二、专业美院环境设计专业的基础教学概况

中央美术学院建筑学院，建筑与环境设计系的本科分为两年的基础教学、两年的专业教学和最后一年的毕业班工作室教学三个阶段。第一年和第二年的基础教学面向建筑、景观、室内三个专业方向，专业教学内容包括造型基础、设计初步、建造基础和专业通识课程等必修课程；随后两年进入专业教学阶段，以学科大方向为基础，教学内容以突出专业特点为主，同时促进相关学科的交叉与融合。除了设计专业课程之外，建筑学院还提供理论和技术方面的专业通识课程，以完善学科课程结构；最后一年采取工作室教学制度，强调专业方向和导师导向相结合，内容包括工作室的课题训练与毕业设计，由工作室导师负责组织教学和学术活动，实行个性化的精英教育。

整体学科建构强调艺术与人文的学科背景，以建筑学必备知识为基础，在课程内容上强调“宽基础和多口径”，课程结构上强调“系统化与模块化”，打破相关学科的边界，主张学科相互交叉。从基础教学上就要求建筑设计、室内设计、景观设计专业的学生能够具备基本的设计与审美能力。通过造型训练、设计训练、建造训练、表现训练和理论培养五个部分组成完善的专业构建网，让学生打下扎实的专业基础；并关注人文教育与

通识培养，让学生形成良好的设计素养与审美素质。

在教学方法与教学组织上，以解决实际问题为核心，将建筑、室内、景观等方向的基础课程进行有机结合。一年级的教学以空间塑造能力的培养、基本功和专业表现技法的训练、造型能力的提高及一定审美素质的培养为核心；二年级教学核心以初步设计能力培养、建筑基本问题的初步认识为主，同时交织设置理论课和建造技术类课程，丰富学生专业知识，同时使学生具备一定的学习和研究能力。

三、师范类高校环境设计专业的基础教学概况

在师范类高校开设艺术设计专业，是我国高校师范类美术教育调整专业结构、改革课程设置及教学内容体系、创新人才培养模式和提升人才培养质量的实践探索。环境设计作为一门与社会生活互动紧密的应用型专业，实践性强、灵活度高、就业空间广阔，在这样的背景下，大部分高校都争相开办环境设计专业，即使是向综合型大学发展的师范类高校也不例外。

师范类高校中的环境设计专业主要有两种形式：一种是基于美术学专业基础的设计方向；另一种是非师范性质的设计专业。然而在教学模式上都存在明显缺点：从专业技能训练来说，过于重视基础绘画技能训练，专业课被压缩，缺乏实践性教学；从教学技能训练来说，过分依赖师范教育体制的公共技能，没有专业教育的针对性。师范类院校环境设计专业的学生普遍认为学习专业课的时间过少，这也导致了大部分学生专业水平不够高，社会实践能力较差，专业不精，且无特色，因此师范类环境设计专业的学生在就业上既没有单一优势，也没有综合竞争力。

以贵州师范学院艺术学院美术学专业环境设计方向为例。贵州师范学院属于二本师范类院校，其环境设计为美术学专业中的一个专业选修方向，是典型的二二制师范教育模式。

大一、大二以美术学基础课和师范类课程为主，大二下学期根据学生意向选择专业方向。这导致真正的环境设计专业课程从大三才开始，专

业课程种类少、课时少，用一年或一年半的时间来完成别人三年或三年半的课程量，这使得专业教学的质量已很难保证，和五年制的专业型教学相比，更是差距甚远，完全没有专业优势可言；导致课程结构差可能还达不到职业技术教育的水平。

专业课程主要包括中外建筑史40课时、手绘表现技法48课时、人机工程学64课时、CAD64课时、3D80课时、装饰材料与施工工艺48课时、室内设计192课时、景观设计192课时。其中，室内设计与景观设计课程都分为两个学期完成，平均每学期96课时。单独以一门课程来看，每门课程的课时不少，但实际上要在192个课时里完成的教学内容是非常有限的，其中需要解决其他高校在大一和大二完成的必要的专业基础问题，如制图、空间、设计风格、设计思维等；还需要让学生具备大三和大四必备掌握的一定的设计能力；此外还需要在一定范围内横向、纵向地拓展相关学科知识，如家具、照明、植物、公共设施等。师范类环境设计专业被师范类的公共必修课已经占去很大部分课时，加上大一、大二美术学重视的造型基础课程，所剩的专业课课时已寥寥无几。

师范类高校办学体制自身的师范教育培养模式；与环境设计专业的实践应用型教学体系形成了相互制约的关系，给专业教学带来了多方面的困境。在基础教学上实行一种“大美术”教育制度，不管是绘画方向、雕塑方向，还是设计方向都采取大比例造型训练的基础教育方式。基础教学中只有造型训练、构成训练及一定的美学概论、艺术史论教学，缺乏与环境设计相关的专业通识教育，缺乏专业基础培养、专业结构粗糙、课时比例失衡、教师专业体系混乱、学生培养的方向性不明确，和专业美院、其他综合类大学相比，专业竞争力薄弱。因此，师范类的设计教育中，在有限的教学背景下，课程设置必须具有很强的合理性和针对性，更加需要能增加专业理解与学习能力的基础教学系统。把单一的绘画技术作为主要基础的知识结构应该得到彻底改变，传统的美术型基础课程在设计学科发展的新形势下已无法满足学科的教学，甚至成了阻碍。

第四章

环境设计的程序与基本方法

第一节 环境设计的程序

科学有效的工作方法有助于使复杂的问题变得易于控制和管理，环境设计工作亦不例外。在解决实际设计问题的过程中，按时间的先后顺序依次安排设计步骤的方法称为设计程序。

设计程序是设计人员在长期的设计实践中发展和总结出来的，它是一种有目的的自觉行为，是对既有经验的规律性的总结，其内容随着设计活动的发展与成熟而不断更新。

由于环境设计涉及内容的多样性而导致其步骤烦琐、复杂，因此以合理的、有秩序的工作程序为框架来开展工作是设计成功的前提条件，同样也是在有限时间内提高设计工作效率和质量的基本保障。

虽然设计步骤因不同的设计者、设计单位、设计项目和时间要求而有所不同，但通常可分为以下六个阶段：

第一阶段，设计前期。

第二阶段，方案设计。

第三阶段，扩初设计。

第四阶段，施工图设计。

第五阶段，设计实施。

第六阶段，设计评估。

这六个阶段基本包含了从业主提出设计任务到设计实施并交付使用的全过程，如图 4－1 所示，具体分析如下：

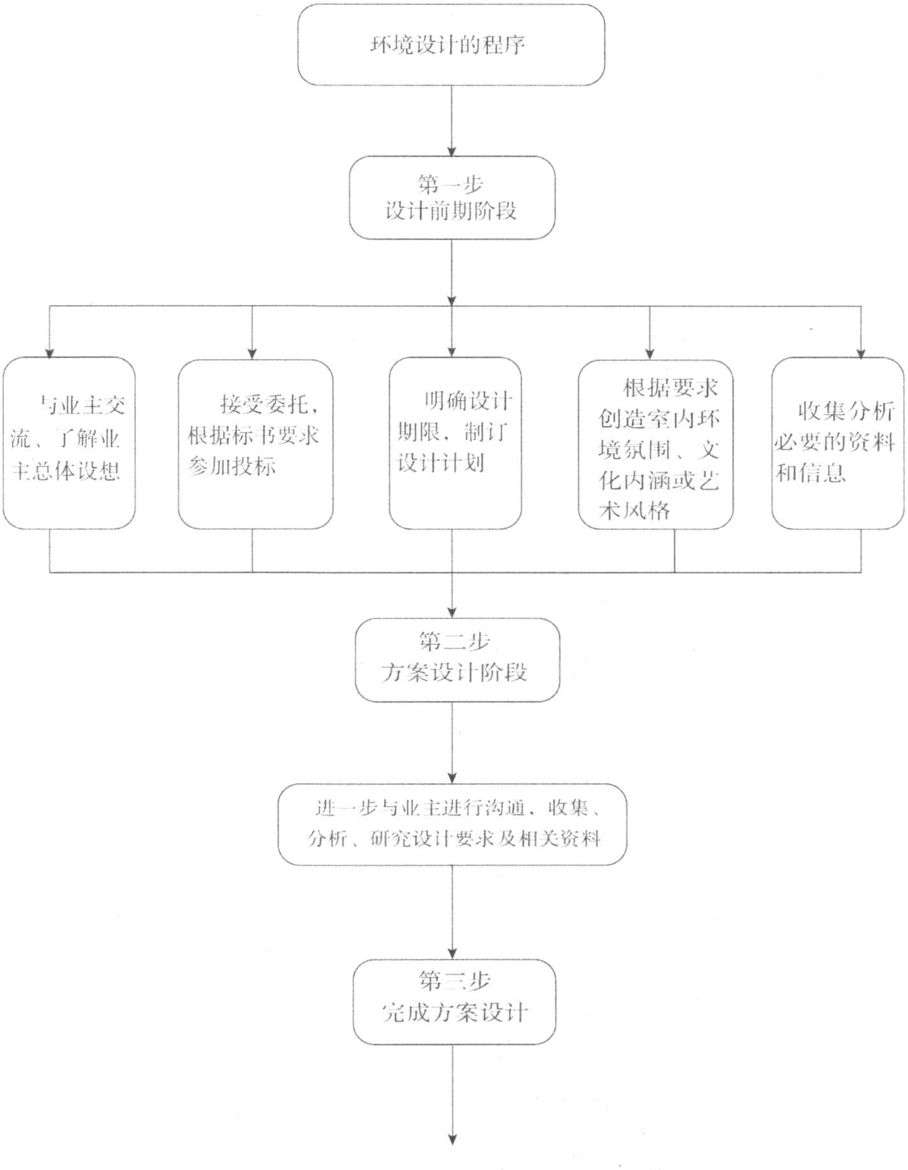
环境设计的程序
第一步
设计前期阶段
与业主交流、了解业主总体设想
接受委托，根据标书要求参加投标
明确设计期限，制订设计计划
根据要求创造室内环境氛围、文化内涵或艺术风格
收集分析必要的资料和信息
第二步
方案设计阶段
进一步与业主进行沟通、收集、分析、研究设计要求及相关资料
第三步
完成方案设计

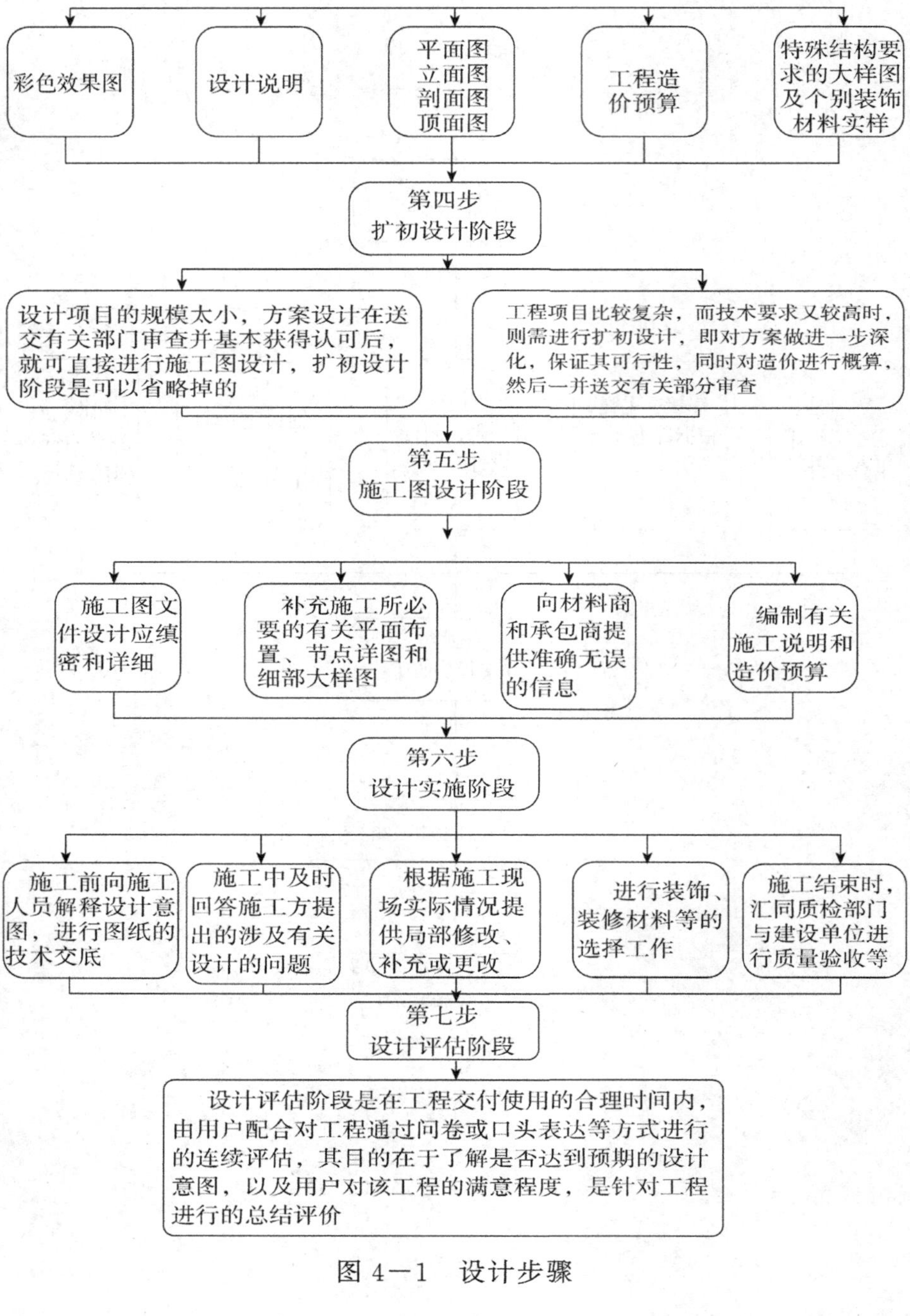
彩色效果图
设计说明
平面图
立面图
剖面图
顶面图
工程造价预算
特殊结构要求的大样图及个别装饰材料实样
第四步
扩初设计阶段
设计项目的规模太小，方案设计在送交有关部门审查并基本获得认可后，就可直接进行施工图设计，扩初设计阶段是可以省略掉的
工程项目比较复杂，而技术要求又较高时，则需进行扩初设计，即对方案做进一步深化，保证其可行性，同时对造价进行概算，然后一并送交有关部分审查
第五步
施工图设计阶段
施工图文件设计应缜密和详细
补充施工所必要的有关平面布置、节点详图和细部大样图
向材料商和承包商提供准确无误的信息
编制有关施工说明和造价预算
第六步
设计实施阶段
施工前向施工人员解释设计意图，进行图纸的技术交底
施工中及时回答施工方提出的涉及有关设计的问题
根据施工现场实际情况提供局部修改、补充或更改
进行装饰、装修材料等的选择工作
施工结束时，汇同质检部门与建设单位进行质量验收等
第七步
设计评估阶段
设计评估阶段是在工程交付使用的合理时间内，由用户配合对工程通过问卷或口头表达等方式进行的连续评估，其目的在于了解是否达到预期的设计意图，以及用户对该工程的满意程度，是针对工程进行的总结评价

图 4－1　设计步骤

一、设计前期阶段

设计前期阶段也就是设计准备阶段。它主要包括：①与业主进行广泛交流，了解业主的总体构想。②接受委托，根据设计任务书及有关国家政策、法规或文件签订设计合同，根据标书要求参加投标。③明确设计期限或制订设计计划进度，并考虑安排各有关工种的配合与协调；明确设计任务和要求，如室内设计任务的使用性质、功能特点、设计规模、等级标准、总造价等。④根据任务使用性质的要求明确需创造的室内环境氛围、文化内涵或艺术风格等。⑤熟悉与工程设计有关的规范和定额标准，收集并分析必要的资料和信息，包括对现场的调查勘察以及对同类型实例的参观与研究等。在签订合同或制定并最终交付投标文件时，还包括设计进度安排、设计费率执行的国家或地区标准，即设计单位收取业主设计费占工程总投入资金的百分比等文件资料。

二、方案设计阶段

在设计前期工作成果的基础上，设计师需进一步收集、分析、研究设计要求及相关资料；通过与业主沟通交流、反复构思和进行多方案比较，最后完成方案设计。设计师需要提供的方案设计文件一般包括：彩色效果图、设计说明、平面图、顶面图、立面图、剖面图、工程造价预算、特殊结构要求的大样图及个别装饰材料实样等。

三、初设计阶段

对于环境设计所牵涉的其他专业工种所需的技术配合在相对简单的情况下，或者设计项目的规模较小，在进行方案设计时就能够直接达到较深的设计深度。此时，方案设计在送交有关部门审查并基本获得认可后，便可直接进行施工图设计。这时，扩初设计阶段是可以省略的。但是，如果工程项目比较复杂，而技术要求又较高时，则需进行扩初设计，即对方案做进一步深化，保证其可行性；同时，对造价进行概算，随后一并送交有关部门审查。

四、施工图设计阶段

施工图设计是设计师对整个设计项目的决策性实施和保证工程顺利实现的重要阶段,需与其他各专业工种进行充分的协调,综合解决各种技术问题。施工图设计文件应较方案设计更为缜密和详细,需要时还需进一步补充施工所必要的有关平面布置、节点详图和细部大样图,以便向材料商和承包商提供准确无误的信息;同时编制有关施工说明和造价预算等。

五、设计实施阶段

在前述阶段的设计过程中,虽然前期方案阶段的大部分设计工作已经完成,项目开始施工。但是,设计师仍需高度重视工程项目在实施过程中所产生的实际问题。若不,就可能难以保证设计所能达到的理想效果。在这一阶段,设计师的日常工作常包括:①在施工前向施工人员解释设计意图,并进行图纸的技术交底;②在、施工中及时回答施工方提出的涉及有关设计的问题;③根据施工现场实际情况进行局部修改、补充或更改(须由施工方根据实际施工情况提出更改意见并出具修改通知书,再由设计单位认可和进行正式的变更图纸交接);④进行装饰、装修材料等的选样工作;⑤施工结束时;会同质检部门和建设单位进行质量验收等。

六、设计评估阶段

设计评估阶段是在工程交付使用的合理时间内,由用户配合对工程通过问卷或口头表达等方式进行的连续评估,其目的在于了解是否达到预期的设计意图,以及用户对该工程的满意程度,是一种工程进行的总结评价。设计评估目前逐渐受到越来越多的重视。由于,很多设计方面的问题都是在工程投入使用后才能够发现的,这一过程不仅有利于用户和工程本身,同时也有利于设计师为将来的设计和施工、积累经验或改进工作方法。

第二节　环境设计的任务分析

环境设计须经历一系列艰苦的脑力分析和创作思考阶段。在此过程中，需要对每一因素都进行充分的考虑，因此任务分析则是进行设计的初始步骤，也是十分重要的设计程序。这一步骤包括对项目设计的要求和环境条件的分析，对相关设计资料的搜集与调研等，这些都是确保有效完成设计工作的重要前提。

一、对设计要求的分析

对设计要求的分析主要围绕两个方面进行：一是针对项目使用者、开发者的信息进行分析；二是对设计任务书的分析。不同的项目任务书详尽程度差别很大；如果不分析项目书中使用者及开发者的信息，或没有现场勘查调研那么设计就只能在设计人员自说自画中实现。设计师对环境功能的分析越清晰，就越能对环境进行细致深入的设计。因此，做好设计要求分析是创造出宜人空间的第一步，应从以下几个方面着重考虑。

（一）从项目使用者、开发者的信息中分析设计的要求

1.使用者的功能需求

分析使用人群功能需求的关键是对该人群进行合理定位，了解设计项目中使用人群的行为特点、活动方式以及对空间的功能需求，并由此分析环境设计中应具备哪些空间功能，以及这些空间功能在设计方面的具体要求。在此，本节以两个不同类型的校园空间设计为例进行说明。

(1)中小学校园环境主要服务人群是中小学生及教师。这些人群需要的功能空间包括道路、绿地以及供学生运动、游戏、种植、饲养、劳动所需的各类场地。如果是盲人学校，在满足以上功能的同时还须在各种空间中加入无障碍设施。

(2)大学校园相对于中小学而言规模较大，一些综合类大学甚至还能独立成为一个大学城。校园一般包括教学区、文体区、学生生活区、教职

生活区、科研区、生产后勤区等部分,因此具有与中小学校园环境截然不同的功能。

由此可见,一个设计不能做到对其功能科学地分析并按需设置,甚至连基本功能都不能满足,而强行加入不需要的功能;即使它的设计再美观,也绝对称不上是一个成功的设计。通过以上两种不同校园的环境分析中,我们可以看出,对使用人群功能需求的分析十分重要,这些分析都是在设计落笔前要思考清楚的问题。

2.使用者的经济、文化特征

经济与文化层面的分析是指一个空间未来服务人群的消费水平、文化水平、社会地位、心理特征等。之所以对这一层面进行深入细致的分析,是因为环境设计不仅要满足人们的物质需求,还应满足人们精神享受的空间环境。例如,一个高端的五星级商务酒店,在这里活动的客人大多是拥有一定工作经验,拥有相对较高的职位、较好的经济基础、较高的学历和文化修养的人。因此,在设计此类酒店环境时就需要精心打造高品质、高品位、高标准、高服务的星级酒店。无论是材料的运用、色彩的搭配、灯光的调和,还是界面的处理都要适应这类人群的心理需求;而一个时尚驿站式酒店,它的消费人群主要是都市中的年轻人士,他们时尚、前卫、风风火火、有朝气,为这类人群设计酒店环境应当充分考虑住宿的舒适、便捷,注重设计元素的时尚感和潮流性,突出个性和创新。与五星级酒店强调豪华、气派不同,时尚驿站式酒店不一定要使用昂贵的材料与陈设,因为使用人群很少会去关注墙面和脚下大理石的价值,他们更感兴趣的是酒店所营造的时尚氛围和生活方式。

3.使用者的审美取向

除了对使用者的需求、经济、文化特征进行充分的分析研究外,对使用人群的总体审美取向有一个整体上的把握也十分重要。审美是一种主观的心理活动过程,是人们根据自身对某事物的要求所产生的看法,它受所处的时代背景、生活环境、受教育程度、个人修养等诸多因素的影响。审美取向的分析主要以视觉感受为主导,涉及空间的分割、界面的装饰造型、灯具的造型、光环境、室内家具的造型、色彩及材质、室内陈设的风格、色调等方面。分析使用人群的审美取向是为了满足目标客户人群的审美需要。例如，艺术家个性的“张扬”、官员眼中的“得体”、商人追求的“阔气”、时尚人崇尚的“奢华”、西方人眼中的“海派弄堂”等，这些都是他们眼中的美。满足不同人群对美的理解不是设计师漫无目的地迎合，而是在了解、研究人群需求后做出的符合他们审美要求的设计决策。因此，在前期调研分析中慎重、准确、有效地判断使用人群的审美取向对于整个设计是否能够得到认可有着重要的意义和作用。

4.与开发商进行有效沟通

环境设计师在设计工作中的沟通是很重要的。在沟通与交流的过程中，客户可能通过表情、神态、声音、肢体语言、文字、语速等诸多方面，传达出自己的思想，表现出自己对事物的喜好。因此，设计师就有机会充分感受或觉察到对方的主观态度、关注的重点、做事的目的、处事的方式等，这些对后续的设计工作来说均是宝贵而有效的信息。

环境设计在具备多学科交叉的特征，同时还带有十分强烈的商业性。诸如展示设计、店面设计、餐厅设计、酒店设计等这些细分的环境设计经常性地被称作“商业美术”。其商业性表现在两个方面：对于设计者而言，这种商业性就是获取项目的设计权，用知识和智慧获取利润；对于开发商而言，则是通过环境设计达到他们的商业目的——打造一个适合于项目市场定位和满足目标客户需求的环境空间，使客户置身其中，能体验到物质、精神方面的双重满足感，心甘情愿地为这样的环境“买单”，并使商家从中获得商业上的盈利。因此，与开发商的良好沟通，有利于设计者充分了解项目的真实需求，准确把握开发商的意图，以及客户心中对项目未来环境的期望，才能创造出符合市场需求，并能为项目商业目的服务的环境艺术作品。

5.分析开发商的需求和品位

经过与客户有效沟通后，项目设计者后续的任务就是对在沟通中获得的相关资料进行认真的、理性的分析，包括以下几个方面。

(1)分析开发商的需求。对开发商的需求分析主要包括两个方面:其一,通过沟通,分析出开发商对该项目的商业定位、市场方向、投资计划、经营周期、利润预期等商业运作方面的需求。例如,同样是餐饮业,豪华酒店、精致快餐、异国风味、时尚小店、大众饭店等均是餐饮业的表现形式,但一旦投资者确定了一种定位和经营方式,那么无论从管理模式、商品价位、进货渠道、环境设计等任何一个方面都必须符合其定位。因此,设计师需要更多地从商业角度去分析并体会投资者的这种需求,从而制订出设计策略,考虑在设计中将如何运用与之相适应的餐饮环境的设计语言,最终创造出一个符合投资者合理定位下的室内外环境。其次,通过沟通,分析投资者对项目环境设计的整体思路和对室内外环境设计的预想。此时,设计师将以“专家”的身份提出可行性的设计方案,需要同时兼顾项目的商业定位和室内外环境设计的合理性及艺术性原则,还需要考虑投资者对项目环境的期望,包括对项目设计风格、设计材料、设计造价的需求。

(2)分析开发商的需求品位。“品位”一词已成为当今潮流中被频繁提及最多的词汇之一。无论是时尚界、地产界、餐饮界、服装界、汽车界、食品界,每个行业都在以“品位”为噱头,标榜“品位”。其实,品位抛去时尚的外衣,其实质应当是一个人内在气质、道德修养的外在体现。

对开发商品位的分析并不是要片面地对投资者“本人”进行调查、分析,而是希望通过沟通,感受到投资者乃至整个团队的品位,从而判断出投资方在环境设计项目上的欣赏水平。这种判断和分析对于设计师而言不是最终目的,目的是要在了解开发商品位的基础上,分析业主对该项目环境的个人主观意愿及期望。然而,设计者有义务在投资者主观意识偏离项目整体定位的情况下,建议开发商适当地调整自己的思路,以专业的设计技术来达到更高的环境设计标准。

在此需要指出的是,作为一名专业环境设计师,需具备专业精神和职业素质。在考虑投资者的要求,满足他们对项目环境设计期望的同时,应该以积极的态度对待环境设计,要科学而客观地分析设计可能达到的效果和实施的可行性。当投资者的意愿阻碍到设计效果实现的时候，作为设计师有责任在充分尊重投资者的前提下，以适当的方式提出建设性的意见，并说服业主。

(二)对设计任务书的分析

在设计任务书中，功能方面的要求是设计的指导性文件，一般包括文字叙述和图纸两部分内容。根据设计项目的不同，设计任务书的详细程度差别较大，但无论是室内还是室外的环境设计，任务书提出的要求都会涵盖功能关系和形式特点两个方面的内容。

1. 功能需求

功能需求包括功能的组成、设施要求、空间尺度、环境要求等部分。在设计工作中，在遵循设计任务书要求的同时，还一定要结合使用者的功能需求综合进行分析。然而，这些要求也不是固定不变的，它会受社会各方面因素的影响而产生变动。例如，在室内设计中，如果按以往的标准设计主卧时，开间至少达到 3.9 米，方能在满足内部设施要求的同时兼顾舒适度。但伴随着科技的发展，壁挂式电视走入千家万户，电视柜已无用武之地，其以往所占的空间就得以释放，因此 3.6 米开间的设计足以达到舒适度的标准。

2. 类型与风格

不同类型或风格的环境设计具有不同的性格特点。例如，纪念性广场，旨在让人感受到它的庄严、高大、凝重，为瞻仰活动提供良好的环境氛围。而当人们在节假日到商业街休闲购物时；这里的街道环境气氛就应是活泼、开朗的，并能使人们在这里放松一下因工作而紧绷的神经，获得轻松、愉悦的感受。这时环境设计可以考虑自由、舒畅的布局，强烈、明快的色彩，醒目、夸张的造型，使置身其中的购物者产生积极共鸣。因此，对环境进行艺术设计时应始终围绕其性格特征进行设计。

二、对环境设计条件的分析

环境艺术项目设计之初需要对室内外环境进行详细的实地分析和调

研。这些设计分析包括对项目所在地的自然环境、人文环境、经济与资源环境以及周边环境的分析。通过分析将有助于设计更加人性化。

(一)对室内设计条件的分析

大多数情况下,室内环境设计会受到各种条件的制约。例如,房屋的楼层、房间的朝向、景观、风向、采光、外界噪声源、污染源等都会影响室内环境设计的思路和处理手法。因此,应先分析出哪些外在条件对设计有利,哪些不利,以便在设计中分别有针对性地进行处理。此外,室内环境设计还受到建筑条件的影响,设计师必须对建筑原始图纸进行分析,其内容包括以下几个方面。

1. 对建筑功能布局的分析

建筑设计尽管在功能设计上做了大量的研究工作,确定了功能布局,但难免会出现不妥之处。设计师要从生活细节出发,通过建筑图纸进一步分析建筑功能布局是否合理,以便进行后续的改进和完善。这也是对建筑设计的反作用,也是一种互动的设计过程。

2. 对室内空间特征的分析

分析室内空间是围合还是流通,是封闭还是通透,是舒展还是压抑,是开阔还是狭小等室内空间的特征。

3. 对建筑结构形式的分析

室内环境设计是基于建筑设计基础上的二次设计。在实际工作中,有时由于业主对使用功能的特殊要求,需要变更土建形成的原始格局或对建筑的结构体系进行变动。此时,需要设计师对调整部分进行分析,在不影响建筑结构安全的前提下做出适当调整。因此,可以说这是为了保证安全所必须进行的分析工作。

4. 对交通体系设置特点的分析

分析室内走廊及楼梯、电梯、自动扶梯等垂直交通在建筑平面中是怎样布局的,它们是怎样将室内空间分隔,又是怎样使流线联系起来的。

5. 对后勤用房、设备、管线的分析

分析建筑物内一些能产生气味、噪声、烟尘的房间对使用空间所带来

的影响程度，以及怎样把这些不利影响降到最低。还要阅读相关的工程图纸，从中分析管线在室内的走向和标高，以便在设计时采取相应对策。

据此阶段的条件分析应该是全方位的，凡是从图中可以看出的问题都应加以分析考虑。分析能力也是衡量设计师业务素质的重要评价标准。需要指出的是，有时由于实际施工情况和建筑图纸资料之间存在误差，或者是由于建筑图纸资料的缺失，那么这就需要设计师到实地调研，对建筑条件进行深入的现状分析。

（二）对室外设计条件的分析

调查是手段，分析才是目的。基地条件分析是在客观调查和主观评估的基础上进行的，对基地及其环境的各种因素做出综合性的分析与评估，使基地的潜力得到充分发挥。基地条件分析在整个设计过程中占有重要的地位，深入细致地进行基地分析有助于用地的规划和各项内容的详细设计，并且在分析过程中还会产生一些有价值的设想。

1.自然因素

每一个具体的环境设计项目都有其特定的所在地，而每一个地方都有其独特的自然环境。自然环境的不同往往赋予设计独特的特点。在一个设计开始进行时，需要对项目所在场地及所处的区域范围进行自然因素的分析。例如，当地的气候特点，包括日照、气温、主导风向、降水情况等，基地的地形（坡级分析、排水类型分析）、坡度、原有植被、周边是否有山、水自然地貌特征等，这些自然因素都会对设计产生影响，也都有可能成为设计灵感的来源。

2.人文因素

每一座城市都有属于自己的历史、文化印记。辉煌的古代都城、宜人的江南水乡、曾经的殖民租借口岸、年轻的外来移民城市……不同城市有它独特的演变和发展轨迹，孕育出了不同的地域文化，形成了不同的民风民俗。所以，在设计具体方案之前，有必要对项目所在地的历史、文化、民间艺术等人文因素进行全面调查及深入分析，并从其中提炼出对设计有用的元素。

以上海"新天地"为例，该商业街是以上海近代建筑的标志之一——石库门居住区为基础改造而成的集餐饮、购物、娱乐等功能于一身的国际化休闲、文化、娱乐中心。石库门建筑是中西合璧的产物，更是上海历史文化的浓缩。新天地的设计理念正是从保护和延续城市文脉的角度出发，大胆改变石库门建筑的居住功能，赋予它新的商业价值，把百年的石库门旧城区，改造成一片充满生命力的新天地。而这一理念正好迎合了现代人群对城市历史的追溯和对时尚生活的推崇。在具体实施上，新天地保留了建筑群外立面的砖墙、屋瓦；而每座建筑的内部，则按照21世纪现代都市人的生活方式、生活节奏、情感世界量身定做，无一不体现出现代休闲生活的气氛。漫步其中，仿佛时光倒流，犹如置身于20世纪二三十年代的上海，但跨进每个建筑内部，却又非常现代和时尚，每个人都能体会到新天地独有的魅力：继承与开发同步，传统与现代同步，也都能从中品味到海派文化独特的韵味。

3. 经济、资源因素

对项目周边经济、资源因素的分析包括经济增长的情况及模式、商业发展方向、总体收入水平、商业消费能力、资源的种类和特点以及相关基础设施的建设等，这些因素对项目定位、规划布局、配套设施的建设都有一定影响。

4. 建成环境因素

对景观设计项目而言，建成环境因素是指项目周边的道路、交通情况、公共设施的类型和分布状况，基地内和周边建筑物的性质、体量、层数、造型风格，还有基地周边的人文景观等。设计者可以通过现场踏勘、数据采集、文献调研等手段获得上述相关信息，然后进行归纳总结。这是在着手方案设计之前必须要进行的工作。

对室内环境设计项目而言，建成环境的分析主要是指对原建筑物现状的分析，包括建筑物的面积、结构类型、层高、空间划分、门窗楼梯及出入口的位置、设备管道的分布等。对原环境的分析越深入，在以后的设计中才越能做到心中有数，少走弯路，并提高方案的可实施性。

三、资料的搜集与调研

(一)现场资料收集

尽管借助现代地理信息系统技术,人们坐在办公室就能从不同层面认识并分析远在千里之外的场地特征,凭借建筑图纸就可以建立起室内空间的框架和基本形态,但设计师对场地的体验和对其氛围的感悟是任何现代技术都无法取代的。这就要求设计者必须进行实地的考察,亲身体验场地的每一个细节,用眼观察,用耳聆听,用心体会,在实地环境中寻找有价值的信息。在场地中能听到的、嗅到的,以及感受到的一切都是场地的一部分,都有可能对项目产生影响,也都有可能成为设计的切入点甚至是亮点。因此,只有通过实地的勘察,才能获得最为宝贵的第一手资料,真正认识到场地独特的品质,把握场地与周围区域的关系从而获得对场地更全面的理解,为日后的设计打下基础。体验场地的过程可以用拍照、速写、文字等形式记录重要信息或现场的体会。在条件允许的情况下,还可以在项目过程中多次进行现场体验,作为不断修正方案的依据。

1. 场地调查

室内调查内容包括:量房、统计场地内所有建筑构件的确切尺寸及现有功能布局。查看房间朝向、景象、风向、日照、外界噪声源、污染源等。

室外基地现状包括收集与基地有关的技术资料进行实地踏勘、测量工作。有些技术资料可从有关部门查询,对查询不到但又是设计所必需的资料,应通过实地调查、勘测得知。基地条件调查的内容包括:①基地自然条件,地形、水体、土壤、植被;②气象资料,日照条件、温度、风、降雨、小气候;③人工设施,建筑及构筑物、道路和广场、各种管线;④视觉质量,基地现状景观、环境景观、视域;⑤基地范围及环境因子,物质环境、知觉环境、区域规划法规。

基地条件调查并不是要将所有内容一个不漏地调查清楚,应根据基地的规模、内外环境和使用目的分清主次,主要的应做深入详尽地调查,次要的则可简要地了解。

2. 实例调研

资料的查询和搜集是获取和积累知识的有效途径，而实例调研能够得到设计实际效果的最佳体验。在实地参观同类型项目的室内外环境设计时，通过对一些已建成项目的分析，从中汲取“养料”，吸取教训，会对设计师在做设计时产生有益的参考价值。

(1)实例的许多设计手法和解决设计问题的思路在你实地调研时有可能引发创作灵感，在实际设计项目中可以借鉴发挥。

(2)经过调研后，在把握空间尺度等许多设计要点上可以做到心中有数。

(3)实例中的很多方面，如材料使用、构造设计等远比教科书来得生动，更直观且容易明白。

在实地调研之前应该做好前期准备，尽可能收集到这些项目的背景资料、图纸、相关文献等，初步了解这些项目的特点和成功所在，在此基础上进行实地考察才能有所收获，而非走马观花、流于形式。总之，在实地调研时，要善于观察、细心琢磨、勤于记录，这也是设计师应该具备的专业素养。

(二)图片、文字资料收集

环境设计是综合运用多学科知识的创作过程，设计师要想提高设计的质量和水平，就不能只停留在就事论事的阶段，去解决设计中的功能与形式问题，而应该学习并借鉴前人正反两个方面的实践经验，了解并掌握相关规范制度，运用外围知识来启迪创作思路，解决设计中遇到的实际问题。这既是避免走弯路、走回头路的有效方法，也是认识熟悉各类型环境的最佳捷径。因此，对于还处于设计学习阶段的学生而言，由于其本身学识、眼界还比较有限，特别需要借助查询资料来拓宽自己的知识面。在学习及从事设计工作时，应结合设计对象的具体特点，将资料的搜集、调研放在第一阶段完成，也可以穿插于设计之中有针对性地分阶段进行。相关资料的收集包括以下几个部分。

1. 设计法规和相关设计规范性资料

查阅与该设计项目有关的设计规范，要铭记在心，以防在设计中出现违规现象。

2. 项目所在地的文化特征

收集文化特征图片、记录地区历史、人文的文字或图片，查阅地方志、人物志等。一是可以启发灵感；二是在设计中运用特定设计要素时（包括符号、材料等）可以与文脉有一定联系。当然，不是所有的设计内容都要表达高层次的文化性，有时也是很有必要表达个性的，这就需要设计师注重平时的积累。

3. 优秀设计的资料（图片、文字等）

在前期准备阶段搜集优秀设计的图片、文字等资料可以为设计工作提供创作灵感。在现代网络时代中，通过网络和书籍搜寻到全国各地、世界各地的设计资料，可以节省逐一到现场参观的时间，也可以领略到各国、各地的设计特色，作为对即将操作项目的启发之用。

资料的搜集可以帮助拓宽眼界，启迪思路，借鉴手法。但是一定要避免先入为主的思想；否则，会使自己的设计走上拼凑，甚至抄袭他人成果的错误道路，最终丧失的是自己积极创作的精神。

第三节　环境设计方案的构思与深入

一、环境设计方案的思考方法

任何一个设计作品都不可能是完美的，即使是非常成功的作品也是经过不断推敲、完善才趋近完美的。在设计过程中进行思考，一定要解决好如下几个方面问题。

（一）整体与局部的关系

就整体与局部的关系而言，一般应该做到从大处着眼、细处着手。整体是由若干个局部所组成的。在设计思考中，首先应该对整体设计任务予以全面的构思，树立明确的全局观。然后开始深入调查、收集资料，掌握必要的资料和数据。从基本的人体尺度、流动线、活动范围及特点、家具与设备的尺寸等方面反复推敲，使局部融合于整体，达到整体与局部的完美统一。忽略整体，将使整个设计变得琐碎；忽略局部，也会使设计因为缺少变化而变得乏味。

（二）内与外的关系

室内环境的“内”包括与这一室内环境连接的其他室内环境，直至建筑室外环境的“外”，它们之间有着相互依存的密切关系。设计时需要从内到外、从外到内多次反复协调其关系，务必使其更趋向完善合理。室内环境需要与建筑整体的性质、标准、风格、室外环境协调统一。内与外的关系常须在设计构思中反复协调，以便最后趋于完美和合理；否则，就极易造成相邻室内空间之间的不协调或不连贯，亦可能造成内外环境的对立。

（三）立意与表达的关系

可以说，一项设计若没有立意就等于没有“灵魂”，设计的难度也往往在于要有一个好的构思，有了明确的立意才能有针对性地进行设计。好的立意更需要完美地表达，而这并不能轻易做到，设计师能力的强弱也能在这方面得到完美的体现。对于环境设计来说，正确、完整又有表现力地表达出设计的构思和意图，使建设者和评审人员能够通过图纸、模型、说明等资料，全面地了解设计意图是至关重要的。在设计过程中，尤其是在方案投标的竞争中，图纸质量的完整、精确、优美是第一关。因为设计方案的形象毕竟是很重要的一个方面，而图纸表达则是设计者的语言，也是必须具备的最基本的能力，一个优秀设计的内涵和表达应该是统一的。

二、设计方案的构思

方案构思是方案设计过程中一个至关重要的环节，是借助形象思维的力量，在设计前期准备和项目分析阶段做好充分准备以后，把分析研究的成果落实成为具体的设计方案。由此，完成设计方案需要从物质需求到思想理念再到物质形象的质的转变。以形象思维为其突出特征的方案构思依赖的是丰富的想象力与创造力，它所呈现的思维方式不是单一的、一成不变的，而是开放的、多样的和发散的，是不拘一格的，因而常常也是出乎意料的。一个优秀的环境设计作品给人们带来的感染力乃至震撼力无不始于此。

想象力与创造力不是凭空而来的，除了平时的学习训练外，充分地启发与适度地“刺激”是必不可少的。比如，可以通过多看资料、多画草图、多做草模等方式来达到刺激思维、促进想象的目的。

形象思维的特点也决定了具体方案构思的切入点必然是多样的，并且是经过深思熟虑的。从更多元化的构思渠道，探索与设计项目切题的思路，一般可以从以下几个方面得到启发。

(一)融合自然环境的构思

自然环境的差异对环境设计的影响极大，富有个性特点的自然环境因素如地形、地貌、景观、朝向等均可成为方案构思的启发点和切入点。

在建筑设计方面最著名的例子就是美国建筑师赖特设计的“流水别墅”，它在认识、利用和结合自然环境方面堪称典范。该建筑选址于风景优美的熊跑溪上游，远离公路且密林环绕，四季溪水潺潺、树木浓密，两岸层层叠叠的巨大岩石构成其独特的地形、地貌。赖特对实地考察后进行了精心的构思，现场优美的自然环境令他灵感迸发，脑海中出现了一个与溪水的音乐感相配合的别墅的模糊印象。建成后的别墅从外观上看，巨大的混凝土挑台从后部的山壁向前方翼然伸出，杏黄色的横向阳台栏板上下左右前后错叠，宽窄厚薄长短参差，产生极为注目的造型。就地取材的毛石墙模拟天然岩层纹理砌筑，宛若天成。四周的林木在建筑的构成之中穿插生长，瀑布山泉顺流而下，自然生态与人工制品浑然一体、交相辉映。

根据功能要求的设计，构思出更圆满、更合理、更富有新意的满足功能需求的作品，一直是设计师所梦寐以求的，把握好功能的需求往往是进行方案构思的主要突破口。

在日本公立刈田综合医院康复疗养花园的设计中，由于预算资金非常有限，必须在构思上下足功夫，以满足复杂的功能要求。设计师就从这片广阔大地的排水系统开始设计，在庭园中央设计一个排水路称为“听觉园”“嗅觉园”和“视觉园”等以提高视觉效果；同时，为了满足医院的使用功能要求特别为轮椅使用者设置了坡道、横向倾斜路、砂石路和交叉路等；圆形露台上置艺术小品，即使有某种障碍的患者，在这里也能感觉到自己其他器官的正常，在心理上点燃他们对生活的希望……所有这些都是在把握具体功能要求的基础上做出的精心构思。

根据地域特征和文化的设计构思，建筑总是处在某一特定环境之中，在建筑设计创作中，反映地域特征也是其主要的构思方法。作为和建筑设计密切相关的环境设计，自然要将这种构思方法进行详细了解。

反映地域特征与文化最直接的设计手法就是继承并发展地方传统风格，着重关注对传统文化中符号的吸取和提炼。

深圳安联大厦的景观设计，则是基于传统文化理论基础上现代构成形式的创新。建筑的空中花园根据楼层的高低，以富有生命活力植物的种植来表现取意于《易经》中不同吉祥卦位的线条构成形式，寓意深远又同时具备了一种现代的表达方式。

在上海商城的设计中，美国建筑师波特曼从中国传统园林中汲取营养，完全运用现代的设计手法，将小桥、流水、假山等巧妙地组合在一起，展现出浓郁的中国韵味；同时，在一些细部的构思上还有许多独特之处：中庭里朱红色的柱子、斗拱柱头做法，还有拱门、栏杆、门套的应用等，都没有一味地直接沿袭中国传统建筑的符号，而是进行了抽象化的再处理。因此，不仅能唤起人们对中国传统建筑的联想，也在空间的形式上也充满现代感。

（二）体现独到用材与技术的设计构思

材料与技术是设计师永远需关注的主题，同时，独特、新型的材料及技术手段能给设计师带来创作热情，激发无限创作灵感。

位于美国加利福尼亚纳帕山谷的多明莱斯葡萄酒厂的设计，是创造性地使用石材的经典之作。为了适应并利用当地的气候特点，设计师赫尔佐格和德梅隆想使用当地特有的玄武岩来作为建筑的表面饰材，以达到白天阻热，吸收太阳热量，晚上将其释放出来，平衡昼夜温差的构思。但是周围能采集的天然石块又比较小，无法直接使用。为此，他们设计了一种金属丝编织的笼子，把石块填装起来形成形状规则的“砌块”。根据内部功能不同，金属丝笼的网眼有不同的规格，大尺度的可以让光线和风进入室内，中等尺度的用于外墙底部以防止响尾蛇进入，小尺度的用在酒窖的周围，形成密实的遮蔽。这些装载的石头有绿色、黑色等不同颜色，和周边景致自然优美地融为一体，增强了建筑与环境的协调关系。

另外，需要特别强调的是，在具体的方案设计中，应从多元角度进行方案的构思，寻求突破口（如同时考虑功能、环境、技术等多个方面）或者是在不同的设计构思阶段选择不同的侧重点（如在总体布局时从环境方面入手，在平面布局设计时从功能方面入手等）。这些都是最常用、最普遍的构思手段，这样既能保证构思的深入和独到，又可避免构思流于片面或走向极端。

三、多方案比较方案阶段的重要环节

（一）多方案比较的必要性

多方案构思是设计的本质反映。我们认识事物和解决问题常常习惯于方法结果的唯一性与明确性。然而，对于环境设计而言，认识和解决问题的方式结果是多样的、相对的和不确定的。这是由于影响环境设计的客观因素众多，在认识和对待这些因素时，设计者任何细微的侧重都会导致不同的方案，只要设计者没有偏离正确的设计观，所产生的不同方案就没有简单意义上的对错之分，而只有优劣之别。

多方案也是环境设计的要求。无论是对设计者还是建设者而言，方案构思是一个过程而不是目的，其最终目的是取得一个尽善尽美的实施方案。那么，我们该怎样去获得这样一个理想而完美的实施方案呢？我们知道，要求一个“绝对意义”的最佳方案是不可能的。由于现实中的时间、经济以及技术的条件，使我们不具备穷尽所有方案优点的可能性，只能获得“相对意义”上的完美，即在可及的数量范围内的“最佳”方案。

另外，多方案构思是民主参与意识所要求的。让使用者和管理者参与到设计中来，是“以人为本”这一追求的具体体现，多方案构思所伴随而来的分析、比较、选择的过程使其追求真正成为可能。这种参与不仅表现为评价选择设计者提出的设计成果，也应该落实到对设计的发展方向乃至具体的处理方式提出疑问、发表见解，使方案设计这一行为活动真正担负起应有的社会责任。

因此，我们要养成多做方案进行比较的良好工作方式和习惯。美国著名园林设计师盖瑞特埃克博（Garrett Eckbo）早在学生时期就十分注重多方案比较。为了研究城市小庭院的设计，他在进深 7.5 米的基地上做了多个不同方案，以探索解决设计问题的多面性。

（二）多方案比较和优化选择

多方案比较是提高设计方案能力的一种有效方法，各个方案都必须有创造性，应各有特点和新意但又不能雷同。否则，就是设计再多的方案也只能是无用功的重复。

在完成多方案的设计后，应展开对方案的比较分析，从中选择出理想的发展方案。分析比较的重点应集中在以下三个方面。

（1）比较设计要求的满足程度。是否满足基本的设计要求是鉴别一个方案是否合格的起码标准。一个方案无论构思如何独到，如果不能满足基本的设计要求，那绝不可能成为一个优秀的设计。

（2）比较个性特色是否突出。一个好的设计方案应该有其个性和特色并且还是优美动人的；缺乏个性的设计方案肯定显得平淡乏味，是难以打动人的。因此，也是不可取的。

（3）比较修改调整的可能性。虽然任何方案或多或少都会有一些缺点，但有的方案的缺陷虽然不是致命的，但也是颇难修改的，如果进行彻底的修改可能会带来新的、更大的问题，或者是完全失去原有方案的特色和优势。因此，对此类方案应给予足够的重视，以防留下隐患。

在全面权衡设计的这些方面后最终定出相对合理的方案，定出的方案可以以某个方案为主，兼收其他方案之长，也可以将几个方案在不同方面设计的优点综合起来。

四、设计方案的深入

进行多方案比较之后选择出的发展方案虽然是相对合理可行的设计方案，但此时毕竟还处在大想法、粗线条的概念层次上，在某些方面还会存在问题。此时，为了达到方案设计的最终要求，还需要一个进一步调整和深化的过程。

(一)设计方案的调整

方案调整阶段的主要任务是解决多方案分析、比较过程所发现的矛盾和问题，并设法弥补设计中存在的缺陷。通常遴选确定出的需进一步发展的方案无论是在满足设计要求还是在具备个性特色上均已有相当的基础，对它的调整应控制在适度的范围内，应限于对个别问题进行局部的修改与补充；力求在不影响或改变原有方案整体布局和基本构思的基础上，来进一步提升方案已有的优势水平。

(二)设计方案的深化

要达到方案设计的最终要求，需要一个从粗略到细致刻画、从模糊到明确落实、从概念到具体量化的进一步深化的过程。深化过程主要通过放大图纸比例，由面及点，从大到小，分层次、分步骤进行；并且，为了更好地与业主沟通，恰当地运用语言的表达也是非常重要的。在方案的深化过程中，应注意以下几点。

(1)各部分的设计尤其是造型设计，应严格遵循一般形式美的原则，注意对尺度、比例、韵律、虚实、光影、质感以及色彩等原则规律的把握与运用，以确保得到一个理想的效果。

(2)方案的深化过程必然伴随着一系列新的调整，除了各个部分需要适应调整外，各部分之间必然也会产生相互作用、相互影响，对此应有充分的认识。

(3)方案的深化过程不可能是一次性完成的,需经历深化调整—再深化—再调整等多次循环的过程,其中所体现的工作强度与工作难度是可想而知的。因此,要想完成一个高水平的设计方案除了要求具备较高的专业知识、较强的设计能力、正确的设计方法以及极大的专业兴趣外,细心、耐心和恒心也是必不可少的素质品德。

第四节　设计方案的模型制作基础

模型能以三度空间的表现力表现一项设计,使观赏者能从不同角度观看并理解所设计形体、空间及其与周围环境的关系,因此它能在一定程度上弥补图纸的局限性。环境设计项目伴随着复杂的功能要求及巧妙的艺术构思常常会得出难以想象的形体和空间,仅仅用图纸来描述这些艺术构思是难以充分表达的。设计师常常在设计过程中借助模型来酝酿、推敲和完善自己的设计创作。当然,作为一种表现技巧的模型,它也有自己的局限,并不能完全取代设计图纸。

一、模型的种类

按照用途分类:一是展示用的,多在设计完成后制作;二是设计用的,即用于推敲方案在设计过程中的制作和修改。前者制作较为精细,后者制作较为粗糙。

按照材料分类,可分为以下几种。

(1)油泥(橡皮泥)、石膏条块或泡沫塑料条块:多用于设计用模型,尤其在城镇规划和住宅街坊的模型制作中广泛使用。

(2)木板或三夹板、塑料板。

(3)硬纸板或吹塑纸板:各种颜色的吹塑纸板非常方便于制作建筑模型。它和泡沫塑料块一样在进行切割和黏结都比较容易。

(4)有机玻璃、金属薄板等:多用于能看到室内布置或结构的高级展示用的建筑模型,加工制作工艺复杂,价格昂贵。

二、简易模型制作练习

结合空间造型设计进行简易模型制作练习，一方面能培养学生的想象力和创造力；另一方面作为空间构图训练的基础练习，能使学生初步学习选择模型制作的材料、工具和简单模型的制作方法。

（一）形体的组合练习

进行各种比例的长、宽、高、矩形、方体的拼接和组合。

材料和工具：泡沫塑料块、泡沫海绵（染成绿色就可在模型中表示“绿化”部分）、底板、电阻丝切割器和胶黏剂。

制作方法与步骤：①根据作业要求确定形体尺寸；②调节切割器上挡板使其达到要切割的尺寸要求；③打开电门，切割泡沫塑料块；④使用胶黏剂粘贴需要组合的方体或泡沫海绵。

（二）庭园空间模型练习

这一练习和前两项的不同之处是：它不仅要考虑各种不同质感材料的设计，还要考虑各个部分相互的比例关系以及与人的尺度关系。此外，功能的与观赏的要求都高了，就使得模型制作增加了难度。

材料和工具：主要是用吹塑纸板做大块地面、墙面和屋面材料。

制作方法：按所要求的比例做好底板（如 1 ∶ 100），并在底板上标明主要模型部件，如墙、水池、亭子等的位置。分部件使用各自材料逐一制作。将准备好的各种部件进行黏结、调整。注意次序是先地面后地上、先大部件（如建筑物）后小部件及树木衬景。

三、工作模型

工作模型即前述设计过程中需制作的模型，通过它能够及时地把方案设计的内容以立体和空间的形式形象地表现出来，具有更为直观的效果，从而有利于方案的改进和深入。

在设计过程中，设计方案和制作模型可以交替进行，它们之间相辅相成，能更好地帮助设计师改进完善设计的方案。

可以从方案的平、立、剖面的草图阶段就开始制作模型,也可以直接从模型入手,利用模型移动的便利和空间功能的改变再改进方案构思和比较,然后在图纸上做出平、立、剖面图的记录。通过如此的草图和模型的不断往复和修改,就能接近乃至达到方案的最后完善。

工作模型的材料应尽量选择易于加工和拆改的材料,如聚苯乙烯块、卡纸、木材等易加工的材料。其制作不必十分精细,应易于改动,重点是空间关系和气氛表达的研究。

四、正式模型

正式模型要求准确完整地表现方案设计的最后成果,还要求具有一定的艺术表现力和展示效果。模型表现可运用两种方式:一种是以各种实际材料或代用物来尽量真实地表达空间关系效果;另一种是以某一种材料为主,如卡纸、木片等,将实际材料的肌理和色彩进行简化或抽象,其优点是把主要精力集中在空间关系处理这一要点上,不必为单纯的材料模仿和繁琐的制作工艺耗费过多的时间。

总之,环境设计是一项实践性很强的工作,方法和材料都不是一成不变的,都应是与时俱进的,只要在顺应时代的基础上,结合时代科技和材料就能够创作出符合现代审美的环境艺术作品。

第五章

环境艺术设计透视图及其画法

第一节　环境艺术设计与空间的关系

一、空间的属性

(一)空间的物质属性

空间的物质属性主要是指空间的基本使用功能。空间是人类活动和赖以生存的栖息地,它是一个满足人们基本活动要求的物态形式。原始人类为了避风雨、御寒暑和防止其他自然现象或野兽的侵袭,用树枝、石头构筑的巢穴形成了最早的栖息空间,这时的空间功能十分简单、感性与直观。随着人类文明的发展和社会科技的进步,人们由被动地适应环境转变到运用科技的手段来创造与满足生活中各种活动所需要的空间功能要求。例如,通风、采光、声环境、消防等相应设备科学性与合理性的应用,设计结构、施工工艺、材料等方面技术性的安排。

现代空间为人们的室内外各种活动提供了相应的场所和服务,能满足人们各种活动条件的需求,具有使用上的便利、健康、安全、舒适之感。例如,室外空间中,广场、公园等具备可供人们进行集会、散步、游戏、交谈、野餐等使用功能的空间;居住区中的绿地、庭院是人们晨练、儿童嬉戏、居民交流的理想场所;室内的居住空间,为人们建立了可以在其中进行休息、娱乐、待客的空间且具有独立、自由的私密性特点。

(二)空间的精神属性

空间的精神属性主要指的是在满足使用功能空间环境的基础上引发

人的心理与审美、精神文化方面的共鸣。

人是空间的使用者，是空间的主体，空间形成与存在的最终目的是为人提供适宜的生存与活动场所。所以，在空间设计过程中应充分地考虑使用者各方面的需求，把人的主体性作为设计的出发点和归宿；而随着生活水平的提高，人们已经不仅仅满足于物质条件的要求，精神生活方面的享受越来越成为人们追求的重要内容。由此，空间的发展也从人们基本的生理需求转而向更高层次的心理与精神需求方面发展，更加看重空间环境的美感及其所蕴含的文化意蕴。

因此，现代空间设计十分注重空间人性化的表达及美的创造，并使其能渲染出一种气氛，引发出一种意境，创造出符合一定文化内涵和特定精神需求的环境，以激发人的情感和心境，使人在其中感到舒适、愉悦，从而提高人们的生活品质，实现现代人空间环境精神品位的追求。例如，由贝聿铭先生主持设计的香山饭店，利用一种现代的语言形式来诠释传统的建筑艺术的文化，体现出了深厚的人文积淀，把中国古典建筑艺术、园林艺术与环境艺术完美结合，让空间的使用者能够充分感受到传统文化的艺术魅力，满足了人们精神上的审美要求。空间内部院落相间，阳光透过玻璃屋顶洒在绿树成荫的厅内，明媚且舒适，山石、湖水、花草、树木与白墙灰瓦式的主体建筑相映成趣，这一切都能让人感受到大自然的意境，同时也满足了人们回归自然的心理需求。

二、空间的基本关系

(一)包容关系

包容关系是指一个相对较小的空间被包含于另外一个较大的空间内部，这是对空间的二次限定，也可称为“母子空间”。二者存在着空间与视觉上的联系，空间上的联系使人们实现行为上的联想成为可能，视觉上的联系有利于视觉空间的扩大，同时还能够引起人们心理与情感的交流。一般来说，子空间与母空间应存在着尺度上的明显差异，如果子空间的尺度过大，则会使整体空间效果显得过于局促和压抑。为了丰富空间的形态，可通过子空间的形状和方位的变化来实现。

(二)穿插关系

穿插关系是指两个空间相交、穿插叠合所形成的空间关系。空间的相互穿插会产生一个公共空间部分，同时保持各自的独立性和完整性，并能够彼此相互沟通形成一种你中有我、我中有你的空间态势。两个空间的体量、形状可以相同，也可以不同，穿插的方式、位置关系也可以多种多样。空间的穿插主要表现为以下三种形式。

(1)两个空间相互穿插部分为双方共有，使两个空间产生亲密关系，共同部分的空间特性由两空间本身的性质融合而成。

(2)两个空间相互穿插部分为其中一空间所有，成为这个空间中的一部分。

(3)两个空间相互穿插部分自成一体，形成一个独立的空间，成为两个空间的连接部分。

(三)邻接关系

邻接关系是指相邻的两个空间有着共同的界面，并能相互联系。邻接关系是最基本且最常见的空间组合关系。它使空间既能保持相对的独立性，又能保持相互的连续性。其独立与连续的程度，取决于邻接两空间界面的特点。界面可以是实体，也可是虚体。例如，实体一般采用墙体，虚体可采用列柱、家具或界面的高低、色彩、材质的变化等来设计。

空间上的秩序感，也可以与被连接的空间形式完全不同，以示它的作用。如果过渡空间较大，则可以选择成为此空间的主导，并具有将一些空间组织在其周围的能力。过渡空间的具体形式和方位可根据被联系空间的形式和朝向来确定。

(四)过渡关系

过渡关系是指两个空间之间由第三个空间来连接或组织的空间关系，第三个空间成了中介空间，主要对被连接空间起到引导、缓冲和过渡的作用。

1. 集中式空间组合

集中式空间组合通常表现为一种稳定的向心式构图，它由一个空间母体为主结构，一系列次要空间围绕中心空间进行组织。处于中心的主导空间一般为相对规则的形状，如圆形、方形或多角形，并具有足够大的空间尺度，以便使次要空间能够集中在其周围；次要空间的功能、体量可以完全相同，也可以不同，以满足不同功能和环境的需求。通常，集中式组合本身没有明确的方向，其入口及引导部分多设于某个次要空间，交通路线可以是辐射式、螺旋式。这种空间组合方式适用于酒店、办公建筑等共享空间，西方传统的教堂也有很多采用这种空间的组合方式。古罗马和伊斯兰教的建筑师最早应用集中式空间组合方式来建造教堂、清真寺建筑。

2. 线式空间组合

线式空间组合是指由尺寸、形式、功能性质和结构特征相同或相似的空间重复出现而构成。也可将一连串形式、尺寸和功能不相同的空间，由一个线式空间沿轴向组合起来。

在这种组合中，功能方面或者象征方面具有重要性的空间，可以出现在序列的任何一处，以尺寸或形式的独特来表明它的重要性；也可以通过所处的位置加以强调，如置于线式序列的端点、偏移于线式组合，或者处于扇形线式组合的转折上。

线式空间组合的特征是“长”，因此，它表达了一种方向性，具有运动、延伸、增长的意义。为使延伸感得到限制，线式组合可以终止于一个主导的空间或形式，或者终止于一个特别的清楚标明的空间，也可与其他的空间组织形态或场地、地形融为一体。这种组合方式简便、快捷，适用于教室、宿舍、医院病房、旅馆客房、住宅单元、幼儿园等建筑空间。

3. 放射式空间组合

放射式空间组合方式兼有集中式和线式空间特征。它由一个主导的中心空间和若干向外呈放射状扩展的线式空间组合而成。

集中式空间形态是一个向心的聚集体，而放射式空间形态通过现行的分支向外延伸。正如集中式空间组合一样，放射式空间组合方式的中心空间一般是规则的，其放射状分支空间的功能、尺度、结构可以相同，也可以不同；长度可长可短，以适应不同环境的变化需求。放射式空间组合也有一种特殊的变体，即“风车式”的图案形态。它的线式空间沿着中央空间的各边向外延伸，形成一个富有动感的“风车”图案，在视觉上能产生一种旋转感。

4. 组团式空间组合

组团式空间形态通过紧密连接使小空间之间相互联系，进而形成一个组团空间。每个小空间一般具有类似的功能，并在形状、朝向等方面有相同的视觉特征，但其组团也可采用尺度、形式、功能等各不相同的空间组合，但这些空间常要通过紧密连接和诸如对称轴线等视觉上的一些规则手段来建立关系。因为组合式空间形态的图案并不是源于某个固定的几何概念，因此空间灵活多变，可随时增加和变化且不影响其特点。

由于组团式空间组织的平面图形中没有固定的位置，因此必须通过图形中的尺寸、形式或朝向，才能显示出某个空间所具有的特殊意义。在对称及有轴线的情况下，可用于加强和统一组团式空间组织的各个局部来加强或表达某一空间或空间组群的重要意义。

由空间中的参考点和参考线所形成的图形建立起一种稳定的位置或区域。通过这种图形，网格式空间组合享有共同的关系。因此，即使网格组合的空间尺寸、形状或功能各不相同，仍能合为一体。建筑中的网格大多数是通过梁与柱组成的框架体系体现的，在网格区域内，空间既能以独立的实体出现，也能以重复的网格单元出现。无论这些空间在该区域中如何布置，只要把它们看作“正”的形式，就会产生一些次要的“负”的空间。由于网格是由重复的模数空间组合而成的，因而空间可以削减、增加或层叠，而网格的同一性保持不变，具有组合空间的能力。

5. 网格式空间组合

网格式空间组合是空间的位置和相互关系受控于一个三度网格图案或三度网格区域。网格的组合力来自图形的规则和连续性，它们渗透在所有的组合要素之间。

三、室内空间环境设计基础

(一)室内空间环境的概念

从古至今,人类为了拥有良好的生存环境和质量,为了能够建立安全、健康、舒适的生活方式和美好的生活环境而始终不懈努力地追求着各种各样的创造性的活动。在前面讲过,早在人们用树枝、石头构筑巢穴来躲避风雨和野兽侵袭的原始社会,就形成了最原始的建筑活动,也形成了最早的室内空间。随着时代的进步与社会的发展,建筑的活动与其形式不断演变,内部环境的变化也随之丰富起来。

室内空间环境是指建筑的内部环境,是由限定空间要素的墙体、地面、天棚围合而成的。室内空间与人的关系最为密切,人生的大部分时间都会在其中度过,对人的影响最大。在室内空间中,人会有各种不同类型的活动和不同的功能需求,当然也必须具有不同功能的空间与之相对应。例如,居家生活的居住空间,学习、查阅资料的图书馆空间,休闲、购物的商业空间,就餐、就饮的餐饮空间,歌舞、视听的娱乐空间,开会、议事的会议空间,观看表演的剧院空间等。每一种空间都应当在满足一定物质功能并在此前提下具有形式的美感,以满足人们的精神感受和审美要求。

(二)室内环境设计的主要构成要素

1. 家具

家具是室内环境中不可缺少的重要组成部分,与人们生活密不可分,无论是学习、工作、休息还是娱乐都离不开对家具的使用。家具的选用、布置方式要与不同场所、不同用途、不同性质的使用要求相结合,它对空间的划分及使用性能、环境效果等有着重要的影响。家具是现代室内设计的继续与深化,是室内环境的再造,它不仅是一种具有实用功能的物品,还是表达视觉艺术品位和人们审美价值的体现,是一种情趣、意境的物化表现形式。

(1)家具的作用。

第一,具有实用性和识别空间的性质。家具的主要作用是它的使用功能,即满足人们在空间中的基本使用需求,其实用性质的基本体现。其次,通过家具的布置和组织能够反映出空间环境的使用目的、规模、等级标准、地位并体现出使用者的个性。第二,能够有效地分隔空间和组织空间。利用家具分隔、组织空间是室内设计中常用的手段,也是一种简单、灵活、机动的设计方法。家具分隔既能保持空间原有的通透性,又可以划分空间单元,使空间隔而不断,相互渗透;既能提高空间的使用效率、丰富空间的层次关系,还可以减少墙体的面积、减轻自重,节省空间。例如,在商业空间中,常采用货架、陈列柜等来划分和组织营业区域和通行路线。在住宅的起居室中,则利用沙发或装饰柜等区分出待客、休息等的区域。在办公空间中,通常结合办公桌等形成隔断以此来分隔空间。家具的布置与组织决定了室内交通动线的优劣,如在餐饮空间中,桌椅之间的间距决定了通道的尺度,间距过小会给用餐者和服务人员的通行带来很大的不便。第三,反映艺术与文化内涵、创造环境氛围。家具不仅能够满足人们对使用功能的要求,还能满足人们精神上对美的追求。优秀的家具设计,其本身就具有较强的艺术性和文化性,与建筑设计一样会受到各种思潮和流派的影响,从古至今,形态各异的家具,反映出了不同文化、地域、民族的表达,体现使用者的审美与情趣;同时,对室内环境氛围的塑造也有着十分重要的影响。例如:色调鲜亮、明快,造型简洁、个性的家具能形成现代、时尚、简约的环境特色;质地朴实、自然,色彩清新、典雅的家具能营造出乡土、田园的空间气息;装饰感强、工艺复杂、色彩绚丽、材料昂贵的家具能体现出奢侈、高贵、华丽的环境氛围。

(2)家具的布置方式。

①行列式:家具以行列的方式展开较大,其丰富的形态、色彩、质感机理的变化,给人以秩序、整齐的感受。能够体现出不同的环境特点,还能增强教室、餐厅、大型会议厅等空间。

②沿墙式:家具沿墙四周布置,留出中心区域的位置。能使空间相对集中,易于组织交通,为举行其他活动提供较大的空间;同时,也便于中心布置其他的家具和陈设。这是十分常见的一种布置方式。例如在大型商

场，通常采用将货柜和货架沿墙组合排列。

③岛式：家具布置在室内中心部位，留出周边空间。强调家具的核心地位，彰显其重要性和独立性，保证周边交通活动的流畅性。在展示空间或商业空间里，为了更好地突出展品同时便于观者能够从各个角度欣赏展品，常会采用岛式的家具布置方式。

④单边式：家具集中一侧布置，留出另一侧为通行空间。这样的设计能使空间有效分隔。

⑤过道式：家具布置在两侧，中间留出通行空间。这种布置方式能连接两侧的空间。居家厨房的家具布置，通常把操作台分布在空间的两侧，人在中间进行各种操作活动。

2. 陈设

陈设是现代室内环境中十分重要的一部分。室内陈设除了家具以外还包括室内织物、艺术品、工艺品、绿化盆景、日常的生活用品等。对陈设进行精心的选择和别具匠心的布置，是室内设计成功的关键环节。通过利用不同陈设的材质美、肌理美、色彩美、图案美、造型美有助于烘托室内的环境气氛，强化室内风格的特点，调节与柔化空间效果；同时，陈设不仅具有一种超越美学价值而且赋予较高精神境界的特质，能够有效地陶冶人的情操，增强空间的艺术性与文化内涵。

(1)陈设分类。

①织物陈设：室内织物主要包括地毯、壁挂、窗帘、帷幔、床上用品、台布等。织物在室内环境中覆盖面积较大，其花纹、质地色彩对室内的气氛、格调、意境会产生强烈的渲染作用。此外，织物具有质地柔软、色泽美观、触感舒适的特征，能够弥补建筑墙面的生硬、呆板之感，起到柔化、点缀空间的作用。随着经济与技术的发展，织物在室内设计中的应用越来越广泛，无论是在公共空间还是在私密环境中都能看到织物的“身影”。例如，在级别与标准要求较高的空间里，地面常会大面积采用地毯铺地，彰显出庄重、华贵的气势，如宴会厅、会议室、多功能厅等环境空间；在一些宾馆客房、走廊中，也常会利用地毯这一织物铺地。一方面，能起到减

少噪声、吸声的作用，为空间提供整洁、安静的环境；另一方面，地毯的柔软质感能够令使用者感到家的亲切与舒适。

②装饰性陈设：装饰性陈设又称观赏性陈设，种类繁多、形态各异、材料多元而广泛，如陶瓷、漆器、雕塑、金属制品、玩具、挂毯、字画等。这类陈设本身没有实用价值，主要是作为观赏与装饰使用，与环境协调的装饰性陈设设计，能够突出空间主题，提升环境的品质，深化其文化内涵和层次，陶冶人的情操。例如，中国传统绘画、书法具有较深的文化内涵和审美情趣，一般被陈设于书房、会议室、办公室、图书馆等环境中，以营造出一种高雅格调、清新的文化气息。此外，有些艺术品还具有很高的收藏价值，如古玩、字画、邮票、钱币以及各式各样的纪念品等都能成为室内装饰性陈设的内容。

③日用性陈设：日用性陈设是我们生活中必备的工具，它不但具有实用性，还兼有观赏和装饰作用，其质地、花色、形态和工艺都体现出文化的品位和格调。如家用电器、灯具、钟表、茶具、餐具、日用化妆品等。

(2)陈设的选择与设计原则。

第一，陈设的选择与设计应符合空间的功能。陈设作为室内环境构成要素的一部分，不能脱离整体的环境关系，应与空间的使用功能取得一致，与特定的环境相协调，从而才能有效地发挥其作用，形成空间特色。例如，在旅游建筑空间中，一般选择一些具有代表地方特色或民族特点图案或色彩的陈设品，以保持风格上的统一。在娱乐空间中，适宜采用以曲线图案为构成的陈设，体现动感、自由、活泼的个性特性。在居住空间里，儿童房间陈设要充分考虑孩子的心理、生理的特点，其家具尺寸不宜过高、过大，陈设形态应色彩明快、亮丽，并有一定的趣味性。因此，陈设品的选用与设计在题材、构思、图案、色彩、材质等都必须服从空间的功能要求。

第二，陈设的大小、形式应与空间尺度和家具的尺度相协调。空间的尺度不同，对于陈设的选择自然也会有所不同，如果陈设尺度相对于空间尺度过大，会使室内显得拥挤，给人以压抑的感受；如果尺度相对过小，陈设将不能起到应有的作用，给人以空旷无物的感受。陈设与家具的尺度关系也是如此，如陈列架上的装饰陈设尺度若太大，陈列架会显得过满、凌乱；过小，则会失去其装饰的意义。

第三，陈设与室内整体环境的装饰风格要保持一致。室内的装饰风格是多种多样的，如现代简约风格、中国传统风格、田园乡土风格、欧式古典风格等，针对各异的风格特点和装饰要求，陈设的选用应仔细地挑选，使其在形态、色彩、材质等方面与整体的空间氛围相呼应，增强环境的艺术与文化内涵，才能达成和谐统一的效果。例如，在设计简约的起居室空间中，常在墙面上用几个带有抽象图案的挂件作为装饰并与室内设计的风格形成完美的结合。

第四，室内陈设要注意主次关系。室内陈设品种与数量较多，因此，在诸多陈设品中分出主要陈设与次要陈设，让主要陈设与其他构成室内环境因素的搭配能够形成空间的视觉中心，使其他陈设品处于辅助和次要地位，这样避免造成杂乱无章的空间效果，从而强空间的层次感。

3. 绿化

近年来，随着社会的发展，城市化进程的加快，高层建筑不断增加，生活在高楼大厦里的人们接触大自然的机会越来越少，加之现代生活的快节奏与喧嚣，追求绿色、自然的生活环境成为现代都市人对室内环境的迫切要求。室内绿化设计是一种具有生命象征的艺术形式，它不仅可以满足人们追求崇尚自然的愿望，还能够改善室内的生态环境、美化生活，为人们提供健康、轻松、惬意的工作、学习环境。

(1)绿化的作用。

①净化空气、改善气候环境。首先，在室内环境中，通过绿色植物可以有效地起到调节室内温度、湿度，净化室内空气的质量，改善室内小气候的作用，有利于人体的健康。人在呼吸过程中，吸入氧气，呼出二氧化碳，植物可以吸收空气中的二氧化碳，并释放氧气，从而使大气中氧和二氧化碳达到平衡，室内空气得以净化。其次，植物还具有良好的吸声作用，室内绿化能够降低噪声，如在靠近门窗的地方布置绿化，可以对噪声

传入起到阻隔的作用。此外，有些植物如夹竹桃、梧桐、棕榈、大叶黄杨等还可吸收有害气体，有些植物的分泌物，如松、柏、悬铃木、茉莉、丁香等还具有杀灭细菌的作用，保持空气清洁卫生；同时，植物还能吸收大气中的尘埃，从而使环境得以净化。据研究，居室绿化较好的家庭，室内可减少20％～60％的尘埃，使室内环境清新宜人。

②限定、分隔室内空间。利用绿化作为分隔空间的方法是室内设计中常用的手法之一，它使不同空间相互沟通、相互渗透，使各部分既能保持各自的功能作用，又不失整体空间的完整性。例如，在两厅室之间、厅室与走道之间或某些大的厅室内根据要求再分隔成若干个厅室的小空间，常会采用此种简便、有效的分隔方法，诸如办公室、餐厅、旅店大堂、展厅等。此外，在某些空间或场地的交界线，如室内外之间、室内地坪高差交界处等，都可用绿化进行空间的分隔。室内绿化除了单独落地布置外，还可与家具、装饰物、灯具等室内陈设以及建筑结构结合设计，使其相得益彰，组成有机整体。例如，在有些餐饮空间中，把两餐桌间的隔断或柱廊之间的围栏与绿化植物相结合，形成生动的分隔形式。对于空间的重要部位，如出入口，运用绿化作为分割，能起到屏风的作用。分隔的方式大都采用地面分隔方式，如有条件，也可采用悬垂植物由上而下进行空间分隔方法。

③引导、联系空间。室内绿化具有观赏的特点，能强烈吸引人们的注意力，并能巧妙地提示和引导。例如，许多宾馆常利用绿化的延伸来连接室内外的空间，起到过渡和渗透作用，即通过连续的绿化布置，强化室内外空间的联系和统一。绿化布置的连续和延伸，如果想有意识地强化突出、醒目的效果，通过视线的吸引，就起到了暗示和引导作用，特别是在空间的转折、过渡、改变方向之处，有效发挥其整体作用。

④强化空间的重点部位。建筑大门入口处、楼梯进出口处、交通中心或转折处、走道尽端等，不仅是交通的要害和关节点，也是空间中的起始点、转折点、中心点、终结点等的重要视觉中心位置，是必须引起人们注意的位置。因此，放置特别醒目的、富有装饰效果的甚至名贵的植物或花

卉，起到强化空间、突出重点的作用。

⑤美化环境、营造空间氛围、陶冶情操。植物以其自然的形态、色彩、质地、气味，它特有的自然美为室内环境增添了生机与活力，极大地丰富和加强了室内环境的表现力和感染力，使空间赋有生命的气息和意境。例如，在许多酒店、宾馆、餐厅等空间中，常在内庭设置随不同季节而变化的各种植物，利用植物调节和改变室内环境的情调和气氛，使身置其中的人能充分与自然接近，享受其中的乐趣。

现代钢筋、混凝土的建筑往往给人以生硬、单调和距离感，为了弥补空间的这种缺陷，可以把植物引入室内，让大自然的美融入建筑的内部环境中，通过色彩、形态、质感等方面的对比关系来柔化空间，改善环境的呆板与机械感，调节人的情绪，陶冶人的情操，创造出一种亲切宜人、充满生机的生活环境。

(2)室内绿化的布置方式。

①点式布置。点式布置是指绿化独立或组成单元集中的布置方式。这种形式常用于空间的中心或重要的位置，能够起到强化空间感、吸引人的注意力的作用。

②线式布置。线式布置是指绿化以线的形式有序排列的设计方式。这种形式常作为空间的分隔与限定手段，一般采用多个花盆排列或置于花槽内或与家具、其他陈设结合设计，形成各种如曲线、直线、折线的韵律空间效果。

③面式布置。面式布置是指绿化经组合而成面的形式的设计方式。这种形式常利用植物独特的形态、色彩、质地等集中地设计，形成一种背景关系，从而起到丰富、衬托环境主体的作用。一般常用于较大空间或内庭中。

④综合式布置。综合式布置是指把点、线、面有机结合构成的一种绿化方式，是应用较多的一种形式。这种绿化形式会形成植物的高低、大小、疏密等变化，能有效地丰富空间的层次，并产生节奏与韵律的变化。

4.色彩

在室内设计中，色彩是识别物体、识别空间个性特点最直观的表象因素。丰富的色彩变化，不仅能起到装饰、渲染环境氛围的目的，还能对生理、心理起到有效的调节作用。例如，对情绪的调节，能激发或抑制人的情感；对空间环境调节，能形成整洁美好的环境，提高工作效率。色彩应用是不能独立存在的，要从整体上结合空间功能、照明、材料、陈设、空间等各方面因素进行综合考虑，运用正确的设计方法，最大限度地发挥色彩在室内环境中的效用。

(1)室内色彩设计的要求。

①要充分考虑空间功能要求。室内空间不同的使用目的需要不同的色彩氛围来表达其空间的性格、特点。应对室内色彩进行具体分析，并考虑色彩给人带来的生理和心理的影响效果。例如，医院病房的环境，要选择尽量柔和的色彩，使环境显得干净整洁，还要给病人以安静、温馨、舒适的感受。在娱乐空间中，则应选择跳跃、对比强烈的色彩，以增加空间动感的同时激发人的情绪。冷饮厅空间，一般采用高明度的冷色调，给人清爽、凉快的感受。在宴会厅，则多使用暖色或醒目的色彩，以突出喜庆、热闹的场面。

②根据使用对象的特点设计色彩。由于人们阅历、背景、文化程度、性别、性格、喜好、年龄等因素的不同，对色彩的要求会有很大的差别。例如，一般儿童喜欢比较鲜亮的色彩，老人则比较喜欢纯度、明度相对较低且稳重的色彩。

③根据空间形式、尺度的不同进行色彩设计。室内空间的形式、尺度与色彩是相辅相成的。一方面，由于空间的形式、尺度是先于色彩设计确定的，它是配色的基础；另一方面，色彩的物理、生理、心理效应可以在一定程度上改变空间尺度与比例的关系。例如，一个面积不大的空间，整体色调应尽量选择明度较高的色彩，以达到拓宽空间的目的。

④注意室内色彩的构图关系。室内色彩的配置要处理好色彩的对比与协调关系，调整色彩的面积，确定环境的背景色、主体色、点缀色，使其

能更好地突出空间的主体。

⑤结合空间所处环境位置进行色彩设计。色彩与环境有着密切的联系,空间环境的地理位置、气候条件、光照条件都会对其产生影响。例如,在我国南方由于有着丰富的背景色彩,因此多采用比较淡雅的色彩;而在北方,气候比较寒冷,多采用相对浓重的色彩。在同一地区,对于采光条件、朝向不同的空间也应有所区别,如朝阳的房间,可采用偏冷的色彩,背光、阴暗的房间则应用偏暖的色彩。

⑥室内色彩设计与材料、光照密切相关。应用不同的材质与光照可以表现出不同的色彩效果。室内设计在使用材料上,要尽量保持材料本身所具有的质色,它往往具有相当高的审美价值,容易使环境色彩更加清新自然。在光照上,要与室内整体气氛一致,且要突出所选用色彩的特点与变化。

(2)室内色彩的设计方法。

①色彩的调和、对比。色彩的调和体现了统一,对比体现了变化。室内色彩设计要遵循变化统一的原则,在统一中寻求变化,在变化中追求统一。色彩的调和可以通过运用同类色或过渡使色彩之间保持一种有机的内在联系,相互呼应,避免色彩孤立存在,要使室内色彩环境有节奏和层次,体现出色彩的调和美。室内常用的色彩对比关系有冷暖对比、明度对比、色相对比、纯度对比等。室内环境一般不宜大面积颜色的对比,以免破坏空间的整体性,应充分考虑室内各部分色彩的比例关系,仔细划分层次再进行设计。

②色彩的构图。首先,区分室内环境色彩的层次关系,使其空间色彩主次分明、重点突出。可分为背景色、主体色、点缀色。背景色是占室内空间面积最大的色彩,主要包括墙面、天棚、地面等,它对其他室内物件起衬托作用。背景色是空间的主色调,应尽量采用柔和的色彩,在背景色的衬托下,室内占统治地位的家具则为主体色,它的色彩要注意与背景色彩格调的协调统一。点缀色是室内重点装饰和点缀的地方,虽面积小但色彩较突出。其次,寻求色彩构图的稳定与平衡,主要表现在色彩的面积比

例、位置关系、对比关系（冷暖对比、明度对比、色相对比、纯度对比等）等方面。例如，空间中上轻下重的色彩关系、大面积调和的色彩关系、弱对比的色彩关系等易于给人以稳定与平衡感。最后，色彩的节奏与韵律的变化。通过色彩的重复、呼应、有规律的变化，可以引起视觉上的运动，从而获得审美上的节奏感与韵律感。因此，在设计中要恰当地处理门、窗、柱及周围部件的色彩关系，有规律地配置室内家具与其他陈设物品的环境色彩，使其具有连续、渐变、交错与起伏的变化。

（3）室内主要部分色彩的运用。

①墙面。墙面在室内空间中，所占面积较大，对室内的氛围营造起着支配的作用，设计时应根据房间的用途来确定色相、明度及冷暖关系。一般来说，墙面颜色不宜过重，特殊空间应特殊处理。

②天棚。天棚多采用明度较高的色彩，以给以轻盈、开敞的感觉，再结合室内照明，有利于增加室内的通透和明亮感。但特殊场合应做不同处理，如舞厅、酒吧的天棚常采用深色或黑色作为色彩的装饰。

③地面。地面一般采用明度、纯度较低的色彩，以形成空间的稳定感。但现在也常用一些明度较高的浅色，大多以木材、石材等材料色为主，甚至采用白色，给人以整洁、平静、开阔感。

④家具。家具色应和总体色调相协调，并注意与墙面色彩冷暖、色相、纯度、明度的搭配关系，颜色不宜过多，避免空间色彩显得凌乱、不整体。浅色调的家具富有朝气，深色调的家具庄重，灰色调的家具典雅，多种颜色恰当组合可以显得生动活泼。

⑤装饰陈设。室内装饰陈设在环境中属于点缀的色彩关系，尽管面积较小，却起着重点和强调的作用，可适当使用对比性强的色彩，以形成丰富的空间艺术效果。

5. 照明

随着当代建筑文化观念的更新，现代建筑的室内照明不仅要满足人视觉功能的需要，也是美化环境必不可少的物质条件，既能表现出特有的文化性，又能体现出其独特的装饰意味和内涵。

(1)照明的作用。

①增加空间感和立体感。空间的不同效果,可以通过光充分表现出来。实验证明,室内空间的开敞性与光的亮度成正比,亮的房间感觉要大一些,暗的则感觉要小一些,充满房间的无形漫射光,也会使空间有无限的感觉,而直接光能加强物体的阴影,光与影相对比,亦能加强空间的立体感。

②分隔、限定空间。利用光照所形成的环境区域,来区分不同功能的空间领域。常结合顶棚、地面的形式进行设计。例如,酒吧的吧台区,其顶部的照明一般结合吧台形式进行设计来起到突出及分隔空间的作用。

③明确空间导向。利用灯具整齐的排列或光带的形式起到指引和导向的作用,使身在其中的人能够自然而然地顺着光亮引导的方向行走。常见于走廊或走道空间。

④强调重点、突出中心。由于人的注意力总是本能地被那些明暗对比强的部位吸引,因此,在室内设计中,利用光照强弱的对比来突出空间的重点于中心,削弱次要部位或不想被引起注意的部位。例如,商业环境,通常采用亮度较高的照明形式突出特色商品。博物馆空间,基础照明通常不是很亮,而在展品区域则安装重点照明设施,既突出展品,又便于游客观赏。

⑤渲染空间氛围。在室内设计中,光源的不同亮度与颜色是形成空间环境氛围的主要因素,室内环境的气氛亦会因其改变而变化。如亮光给人以明快、敞亮之感,而暗光则给人以温馨、神秘、宁静的感受。暖色光表现温馨、愉悦、华丽的气氛,冷色光表现出宁静、清爽、高雅的格调。例如,餐厅、咖啡馆、娱乐场所为了表达空间的温暖、欢乐、活跃的气氛,常常使用暖色光,如粉色、浅红色等。

灯具造型的变化不仅能起到美化环境的作用,更能为气氛的营造起到画龙点睛的作用。例如,水晶吊灯的使用会使空间显得富丽堂皇,通透、整齐划一的格栅灯具使环境更加安静、雅致、整洁。

(2)照明的方式。

①直接照明。直接照明是指 90%～100%的光线直接投射在工作面上。这种照明方式的亮度较高且集中,能形成强烈的明暗对比与生动的

光影效果，但由于亮度较高，应防止眩光的产生。常用于室内基础照明、大空间照明或局部照明。

②半直接照明。半直接照明是指60%～90%的光线直接投射在工作面，其中10%～40%向上漫射，并且其光线比较柔和。这种灯具常用于层高较低房间的一般照明。由于漫射光线能照亮平顶，使房间顶部显得高度增加，因而能产生较高的空间感。

③间接照明。间接照明是指将光源遮蔽而产生的间接照明方式，其中90%～100%的光线射向天棚或墙面再经反射照到工作面上，10%以下的光线直接照射工作面上。光线柔和且均匀，不刺眼。间接照明紧贴顶棚，几乎可以形成无阴影的效果，是最理想的整体照明形式。但单独使用，会使空间平淡、缺少变化，通常要与其他照明方式共同配合使用，才能取得特殊的艺术效果。

④半间接照明。半间接照明是指60%～90%以上的光线射向天棚或墙面，形成间接光源，10%～40%的光线直接投射到工作面。间接光源有利于柔化阴影并改善亮度对比。适用于住宅中小空间部分，如门厅、过道，以及阅读或学习环境。

⑤漫射照明方式。漫射照明方式是利用灯具的折射功能来控制眩光，使光线向四周扩散。这种照明形式光线柔和、视觉舒适，但光的亮度较差，适用于卧室等休憩空间。

(3)照明布局。

①基础照明。基础照明是指在大空间内使用的全面、整体的照明布局形式，主要是为了满足人们基本的视觉功能要求。一般选用比较均匀的、全面性的照明灯具。

②重点照明。重点照明是指对主要空间、对象或是为了某种特殊艺术效果而进行的重点投光。例如，商场的橱窗、空间展台的照明都是采用这种布局形式，能有效吸引观看者注意。重点照明的亮度、照射方向、位置要根据物品种类、形状、大小以及展览方式确定。例如，要突出某物品外轮廓的剪影形式，可以从其后面投光；要强调其立体感、空间感，可从侧

面投光。

③装饰照明。为了更好地美化与装饰空间环境,有效地增加空间层次,营造良好环境气氛,常采用装饰照明。一般使用装饰吊灯、壁灯、挂灯等款式统一的系列灯具。这样可以使室内繁而不乱,并衬托出室内环境气氛,更好地表现具有强烈个性的艺术空间。值得注意的是装饰照明只是以装饰为目的独立照明,不能兼作基本照明或重点照明。

6.材质

装饰材料是实现室内设计的物质基础,是实现设计实质性成果的重要环节,它直接影响到空间的实用性、经济性及环境气氛的美观性。设计者应熟悉不同材料的质地、性能特点,了解材料的价格和施工的工艺要求,善于和精于运用现代先进的物质技术手段,为设计构思的实现提供坚实的基础。

(1)材料的装饰特性。

①颜色:材料颜色的丰富多彩是装饰特性最直接的反映,它不仅标志着材料的个性语言,同时给人以直观的视觉冲击力。材料表面的颜色取决于三个方面:材料的光谱反射,观看时射于材料上光线的光谱组成,观看者眼睛的光谱敏感性。

②光泽:许多经过加工后的材料会呈现出一种光泽的特性。如不锈钢、磨光的花岗岩、大理石或瓷砖等。光泽度较好的材料给人以整洁、明亮的感受,有效利用它们的特性还能产生扩大空间的视觉效果。但应注意的是,当大面积使用光泽度较高的材料时,要避免其表面的折射光线给人们视觉造成不良的影响,应适当结合非反射类材料一起应用。

③质感:材料所表现出来的特性给人带来的心理感受。例如,抛光平整的石材给人以坚固、厚重感;纹理清晰的木质、竹质材料给人以亲切、柔和、温暖之感;毛石的质地给人以粗犷、豪放之感;反射性较强的金属质地给人以冷漠、高贵的时代感;织物如毛麻、丝绒、锦缎与皮革等质地给人以柔软、舒适、华丽之感。在室内设计中,应很好地运用材料的相关特性,根据不同使用目的来进行材料的选择,如卧室地面材料应选择亲切、温馨的

木质地板。在公共场所则应选择大气、坚硬耐磨易清洗的石材地板。

④肌理：材料本身的肌体形态和表面的纹理，反映了材料表面的形态特征，是质感的形式要素，使材料的质感体现得更具体、形象。例如，剁斧石表面带有凹凸的纹理，花岗岩、大理石带有天然的花纹肌理。材料的这种特性极大增强了室内环境的装饰效果。

⑤图案：材料经加工后其表面的纹理花式。例如，墙壁纸、窗帘、带有图案的瓷砖等。一般常用在空间环境中心和需要突出的位置。例如，在大空间的入口或大堂中心，地面常用拼花材料，不仅起到了装饰环境的作用，还突出了空间的重点，或为了柔化与渲染空间氛围而使用这种带有图案的材料。在卧室中，带有各色碎花图案织物的应用，能够令人感到环境的清新、宜人与舒适。

(2)室内材料的运用。

第一，适应室内使用空间的功能性质。对于不同功能性质的室内空间，需要由相应类别的装饰材料来烘托室内的环境氛围，如文教、办公建筑宁静、严肃的气氛，常选用质感坚硬但表面光滑的材料，如大理石、花岗石。娱乐场所为了体现欢乐、愉悦的气氛，一般选用色彩艳丽，使用给人刺激色调和质感的装饰材料为宜。卧室淡雅明亮的同时还应避免强烈反光，其墙面多常采用壁纸、墙布等装饰。

第二，符合建筑不同装饰部位要求的特点。不同的界面对装饰材料的物理、化学性能及观感等要求也各不相同。如天棚的选材要考虑到质轻、隔音、吸声、防火、保温、耐热等要求，而地面作为室内活动和家具的承载基面，则要考虑其耐磨、防滑、易清洁、防静电等性能。

第三，满足建筑的等级标准要求。装饰材料的选择应考虑建筑物的等级标准。例如，宾馆和饭店的建设有三星、四星、五星等级别，要不同程度地显示其内部装饰的豪华、富丽堂皇甚至珠光宝气的奢侈气氛，对采用的装饰材料也应区别对待。例如，地面装饰，较高级的建筑空间可选用全毛地毯，中级的建筑空间可选用化纤地毯或高级木地板等。

第四，符合更新、时尚的发展需要。由于现代室内设计具有动态发展的特点，设计装修后的室内环境并非是“一劳永逸”的，而是需要更新的。原有的装饰材料需要由无污染、质地和性能更好的、更新颖美观的装饰材料来替代。此时材料的选用也不是越名贵越好，要遵循“精心设计、巧于用材、优材精用、通材新用”的设计原则。

(三)空间的类型

1.结构空间

任何室内空间都由一定的承重构件所组成，这些构件体现了时代科技的发展进程，通过对这些暴露式结构的处理，能达到结构与室内审美的完美结合，让人们充分地欣赏结构构思及建造技艺所构成的空间环境的美。这种设计充分利用暴露的结构，突出体现结构的时代感、力度感、科技感，真实反映空间的特性，具有较强的艺术表现力和感染力，目前已成为现代空间艺术审美趣味中一种重要的表现形式。

2.共享空间

一般是在较大型的公共空间中设置的中心空间，其高大和开敞对其他空间起到了一种连接并成为交通枢纽的作用，空间强调流动性、渗透性与交融性。其内部多种设施并存。例如，休息设施、服务设施等，是综合性、多用途的灵活空间。在空间景观处理上，注意相互交错、内中有外、外中有内，常把室外一些自然景象引入到室内，如假山、流水、绿色的植物等，整体空间更动感、情趣，极大地满足了现代人的物质和精神的需求。

3.母子空间

母子空间是空间二次分割形成的大空间中包容小空间的结构，它主要通过一些实体性或虚拟象征性的手法再次限定空间，形成楼中楼、屋中屋的空间格局。既满足了功能要求，又丰富了空间层次。子空间往往都是有序地排列而形成的一种有规律节奏的空间形式，使得空间使用者既能保证相对独立性与私密性，又能方便地与群体中的大空间进行沟通。

4.开敞空间

开敞空间是一种外向性的空间形式，其限定性和私密性较弱，兼有公共性与开放性的特点。在空间感上，敞开空间是流动的、渗透的。通常更多的是借助室内外景观扩大视野，强调与周围环境的交融，并有一定的趣味性。在功能上灵活性较强，能根据功能需求的变化来改变室内格局；在心理效果上，表现为开朗、活跃、有接纳性。

5. 封闭空间

封闭空间是利用明确的围护实体包围起来的空间，与其他空间相比较在视觉、听觉、空间上连续性较小，隔离性较强；在景观关系和空间性格上，封闭空间具有内向性和拒绝性的特点，有较强的私密感和领域感；在心理上，给人以安静、严肃及安全感。长时间在这种空间中会给人闭塞、枯燥的感受。为了调节空间氛围通常可采用人工景窗、大幅场景挂画、镜面等设计手法来扩大空间或增加空间的层次感。

6. 动态空间

所谓动态空间，是指从心理与视觉上给人以动态的感受。空间形态上，往往具有空间的敞开性和视觉的导向性特点，空间组织灵活多变；在界面组织上，具有连续性与节奏感，常利用对比强烈的色彩、图案以及富有动感的线性作为装饰元素；在空间氛围的营造上，常把室外的溪水、瀑布、花木、阳光乃至动物引入环境中来；同时，还可以借助交错的人流、生动的背景音乐、闪动的灯光影像等来表现空间的动感；在设施的设置上，常利用机械化、电气化、自动化的设备如电梯、自动扶梯、旋转地面、活动展台、信息展示等形成丰富的空间动势。

7. 静态空间

静态空间是相对于动态空间而言的，一般来说静态空间形式比较稳定，构成较单一，常以对称、向心、离心等构成手法进行设计，达到一种静态平衡；限定性较强，趋于封闭型，多为尽端空间，即空间序列的终端；私密性强，因此不易受其他空间的干扰和影响；空间比例设计适中，色彩淡雅、光线柔和、造型简洁，没有过多复杂与视觉冲击力较强的造型元素。

8. 虚拟空间

虚拟空间主要是通过观者的联想和心理感受来划定的一种空间形式，也称“心理空间”。这种空间没有明确的隔离形态，限定感不明显，它往往存在于母空间中，母空间既相互流通而又具有相对独立性和领域感。虚拟空间常借助各种隔断、家具、陈设、水体、绿化、照明以及不同色彩、材质、高低差等作为设计元素进行空间的限定。

9. 悬浮空间

在较大、较高的空间中，其垂直方向采用悬吊、悬挑或用梁在空中架起一个小空间，给人一种"悬浮"感。悬浮空间由于底面没有支撑结构，这样可以保持视觉的通透完整，从而低层空间的利用更为灵活。空间形式感也更加别致和与众不同，增添一定的趣味性。

(四)空间的分隔

在室内空间环境设计中，为了满足使用者对不同空间、不同区域的功能要求，满足人们对艺术和审美的需求，空间的分隔起着不可或缺的作用。各类建筑及空间都有其自身的功能特点。在进行室内空间的分隔时，要符合其自身规律和要求，并选择适当的分隔方式。

1. 空间分隔的类型

(1)绝对分隔。绝对分隔是指使用空间中承重墙到顶的隔墙等限定性的实体界面来分隔的空间。其特点是：空间界限非常明确，具有强烈的封闭感，其隔音性、视线的阻隔性良好，抗干扰能力强，保证空间的独立性与私密性，能够创造出安静宜人的环境。但由于界面的完全阻隔，使空间缺少流动性与连续性。因此，绝对分隔常用于居住建筑、教学建筑、办公建筑等建筑空间。

(2)局部分隔。局部分隔是指利用限定性相对较低的片段性界面来划分空间，如屏风、家具、矮墙等。其特点是：空间分隔感较弱，但流动性、连续性较强，空间不同区域之间能良好地融会贯通，有利于空间的布置形式丰富多变。然而这种分割决定了空间在隔音性、视线通透、私密性等方面较弱。局部分隔常见的分割形式有独立面垂直分隔、平行面垂直分隔、L形面垂直分隔、U形垂直面分隔等。无论在大空间还是小空间，此种分隔手法都会被经常使用。如在餐饮环境的大厅空间中，为了避免用餐者相互干扰并保持相对的私密性，通常会采用一些装饰隔断进行空间的划分。

(3)弹性分隔。弹性分隔是指利用一些拼装式、折叠式、推拉等隔断、屏风、幕帘、家具、陈设等分隔空间。具有以下特点:可根据使用功能的要求随时移动或启闭,空间的形式可灵活调整。弹性分隔多用于临时性、短暂性、小范围的空间使用上。

(4)象征分隔。象征分隔是指利用灯光、色彩、材质、栏杆、水体、绿化、悬垂物、高差等分隔空间。其特点是:它是一种限定性极低的分隔方式,界面模糊,通常通过联想和视觉的完形来界定空间。空间流动性极强,能够产生丰富的空间层次变化。无论是在大空间还是小空间中,象征分隔的方式都是适宜的。

2.空间分隔的元素

(1)建筑构件。利用地面、天花、墙面等界面以及柱子、拱券、楼梯等建筑构件作为分隔空间的元素,这是最基本的空间分隔方式。

(2)装饰隔断。利用各种装饰隔断分隔空间,如装饰架、屏风、活动隔断等作为分隔空间的元素。这些元素的应用能够形成一定的围合空间,并具有相对的领域感和私密性。

(3)色彩、材质。利用色彩和材质的差别作为分隔空间的元素,此类元素的应用有利于丰富室内环境的色彩关系、肌理变化。如较大的接待大厅中,一般会有前台咨询和休息区等功能要求。前台咨询空间地面通常选用大理石、花岗岩等耐磨度较高的材质,休息空间通常选用木质地板或柔软的、带有装饰图案的地毯,空间既有明确的分区,又自然舒适地满足了各区域的功能要求。

(4)灯光照明。利用灯具及其布置形成一定光环境区域作为空间分隔的元素,也能有效地对空间进行分隔。光环境区域通常结合顶棚的形式,地面的功能分区来进行布置。

(5)水体及绿化。利用人工设置的水面或绿化为元素分隔空间,具有生动、自然、美化环境的作用以及扩大空间的效果。水体通常和绿化结合使用,可以是静态的,也可以是动态的;绿化可单独使用,也可以综合使用作为分隔的元素。此种设计能够更好地满足人们亲近自然的心理及审美需求。

(6)家具、陈设。利用家具、陈设作为分隔空间的元素。这是一种简单、灵活、机动的设计方法。例如,在较大型的办公空间中,常运用办公桌的围合把大空间分隔成若干个小空间的形式。在一些休闲空间里,也常用一些悬垂的织物来进行空间的分隔,灵巧生动。

(7)界面高差。利用界面的高低或凹凸变化作为分隔空间的元素,具有突出重点、强化中心及突出展示性的效果。例如,在展示空间里,为了更好地突出展品,通常会设计一个高出地面的展台区域来衬托展品;在娱乐环境的空间里,通常会设计一个地台式空间作为舞台区,或设计一个低于地面的凹形空间作为舞池区。

(五)空间界面的处理

室内空间主要由各种界面围合而成的,即底面(楼、地面)、侧面(墙面、隔断)和顶面(天棚)。各界面的大小和形状间接影响室内空间的体量,各界面的艺术视觉效果和各界面之间的关系对室内整体设计具有重要影响。

对于室内界面的设计,不仅有造型和美观的要求,还要注意功能和技术的要求。作为材料实体的界面,涉及形式和色彩设计、材质的选用和构造等问题;而且,对于现代室内环境的界面设计还需要与房屋室内的设施、设备予以周密全面的协调考虑。例如,界面与风管尺寸及出、回风口的位置关系,界面与嵌入灯具或灯槽设置的关系,以及界面与消防喷淋、报警、通信、音响、监控等设施接口的关系也急需重视。

1.界面的设计要求

(1)根据空间功能、性质的不同,进行界面的设计。室内空间界面的设计与建筑的特定功能要求相协调。功能、性质不同的空间界面设计也有所不同。界面设计的特点与空间的功能性质是有机联系的,不可简单割裂。如办公空间的界面设计,要充分考虑到办公的性质。为了创造一个高效、舒适的工作环境,其色彩一般比较淡雅,不宜过于鲜明、浓重;装饰造型要简洁，不宜过于复杂多样。由于对于上班族而言相当一部分时间都会在办公空间里度过，如果在色彩浓重、装饰复杂的界面空间久待会使人感到心浮气躁，降低办公效率；而对娱乐性质的空间，其界面设计应该要追求色彩对比鲜明和图案、装饰造型的变化多样。因为，这是一个人们工作之余的休闲、娱乐、放松场所，各种色彩、造型、图案、灯光的变化能够激发人的情趣和活力，使都市中紧张工作人们的身心能暂时得以自我发泄和释放。

(2)空间使用对象不同，其界面的装饰设计有所不同。人是环境中的主体，是设计的出发点和归宿点。我们对空间进行装饰的目的是要满足人们的物质和心理需求，因此，室内界面设计就要考虑使用对象的审美变化。由于使用者存在着年龄、性别、职业、兴趣爱好、文化背景等个体差异。因此，界面的设计也应有不同的个性特征。例如，居住建筑室内设计中，老人居室、成人居室、儿童居室等不同空间，在设计时要根据不同类别人的年龄与个性特征，有针对性地采取不同的设计手法，营造出或稳重老成或天真童趣的室内氛围，以创造出适合使用者的个性空间。

(3)界面的设计风格要统一，注重环境的整体性。室内空间是一个有机整体，各个界面的装饰设计直接影响到整体室内环境的效果。因此，对个体界面进行设计时，必须通盘考虑，在保证整体效果的前提下，适度地予以个性化的界面处理。个性化的表达要统一在整体的风格范围内，在总体艺术效果协调的基础上创造出富有个性特点的环境气氛，做到在统一中求变化，在变化中求统一。风格的统一与变化往往是通过色彩、材质、装饰形式、灯光等方面来体现的。

(4)界面设计的安全性、舒适性、健康性至关重要界面设计中，材料的应用是至关重要的。随着新技术的发展，新材料也不断地在更新和改变，其性能、舒适性不断增强。然而其中也存在着不少问题，如有些材料可能会散发有毒气体，给使用者带来了安全隐患。对于材料的应用我们可以从以下几个方面的问题来考虑。首先，要注意界面材料的耐燃及防火性能。现代室内装饰应尽量采用不燃及阻燃性材料，避免采用燃烧时会释放大量浓烟及有毒气体的材料。其次，要注意材料要无毒、无害，这些有害物质要低于核定剂量。此外，还要注意材料必要的隔热保暖、隔声吸声等性能。

界面设计还要注意到与技术性的因素相互配合，不能忽视构造技术的安全性而一味地追求装饰形式的变化。要加强装饰性因素与技术性因素的结合，充分考虑构造的安全、施工的便利等问题。

(5)界面设计的经济性、科学性也是我们要把握的原则。创造一个高品质的室内空间环境，并不一定要以奢华为代价，在设计中经济性、科学性是我们要把握的一个重要因素。界面装饰的标准有高低，但无论什么标准的界面我们都要考虑以最少的投入、最科学的资源利用营造出最好的环境效果。如对材料的使用，我们要考虑其耐久性及使用期限，频繁地更换，会增加其费用的支出；考虑是否能够采用可循环利用的材料，达到资源的合理运用；在有材料的地区，考虑是否可选用当地的地方材料，以减少运输，降低成本和造价。

2.界面的设计特点

(1)天棚。天棚是室内空间中的上部界面，它对覆盖之下的物体起到遮盖作用，同时提供物质和心理的保护。

天棚的设计要点如下：

第一，天棚界面具有一定的高度，它直接限定了墙面的高度，决定了空间的纵向延伸度，天棚高度的变化可形成空间或开阔高耸或亲切宜人或沉闷压抑的感受。因此，天棚高度的确定要注意与空间的平面面积、墙面长度等因素保持协调的比例关系。在室内设计中，还可以充分利用天棚的局部高低变化，进行空间的限定，丰富空间的层次。

第二，天棚的造型要具有轻快感，力求简洁、明快、构图稳定大方，色彩不宜太过浓重，避免过于沉重复杂使空间具有下坠与压抑感。当然对于一些特殊空间要个别对待。

第三，天棚的结构要满足安全要求，构造要合理可靠。选材要考虑质轻、隔声、吸声、防火、保温、隔热等性能。

第四，天棚处理除造型优美外，在功能和技术上还必须综合考虑空间的照明、通风、空调、音响、智能监控、消防等因素，从而实现对天棚合理的处理。

(2)地面。地面是空间中的基础要素，是室内各种活动和家具的承载界面，其表面必须坚固耐久以经受持久的磨损和使用。在注意地面材料性能的同时还必须考虑地面的质感、色彩、图案的效果，把其功能性与审美性有机地结合起来。

地面设计注意要点如下。

第一，地面材质是否能满足使用的要求，这是基本的因素，要根据空间的性质来选择地面的铺装材料。一般来说，在人流量较大的公共空间，地面应采用耐磨度较高的材料，如大理石、花岗岩等。对一些人流量较少、相对私密的空间，可铺置一些亲和力的材质，如在办公室、卧室等空间采用木质地板；同时，还要根据环境的需要考虑吸声、保温、保暖及防滑等功能要求。

第二，地面的设计要和整体环境统一协调。从地面与其他界面的关系来看，地面的划分与天棚的组织存在一定联系，其图案或拼花的形式要与天棚的造型，甚至墙面的造型存在某些呼应关系，或者在"符号"的使用上有其共享或延续关系，也可通过地面与其他界面之间适当材料的"互借"来加强空间的视觉联系。地面的设计还要和环境风格相一致，如体现质朴、田园的风格或高贵、华丽的风格，在色彩、图案、材质的选择上要符合整体风格的个性特点。

第三，图案的构成与色彩关系是地面装饰的重要组成部分。图案的设计应遵循强调图案本身独立完整性的原则，如在大堂中心、大型会议室中心的地面通常采用一些比较规整、饱满的图形，使其具有内敛感，这样易于形成视觉中心。此外，还要遵循图案的连续性、变化性和韵律感，图案的抽象性、多变性等原则。地面的色彩要根据空间环境的氛围、尺度等方面的因素来选择，不同色彩的地面有不同的性格特征。浅色地面会增强室内空间环境的亮度，给人以开敞明亮的感受；而深色地面会吸收部分光线，使空间产生收缩感，但也会给人以庄重和稳定感。

(3)墙面。墙面是建筑的立面结构，它不仅可以作为建筑承重构件，还可为室内空间提供围护与遮挡。由于墙面的面积是空间中最大的界面，因此墙面的设计对室内空间的整体装饰效果有着十分重要的影响，通过墙面形态、色彩、光影、质地的变化，更能体现室内特点，烘托环境氛围。

墙面设计的要点如下。

第一，门、窗、柱等是墙面的重要组成部分。就某种程度而言，它们决定了墙面的形式、尺度以及虚实等变化。因此在墙面设计中，要综合考虑这些因素，以使空间功能与室内的装饰效果得以更好的体现。

第二，室内环境物理性能的优劣关系到空间使用的效果。根据空间功能性质的不同，需要处理其隔声、吸声、保暖、隔热、防火、防潮等方面的问题。如：在轻质墙体的空腔内填置岩棉，既能增强其隔音效果，又具有保暖、防火的功能；在防火要求较高的环境中，须尽量减少使用海绵、布艺等易燃材料，同时对木质材料的使用也要控制在一定的比例之内。

第三，设计与组织，主要包括墙面的造型变化、材质、灯光、色彩等方面的应用。一般情况下，规整、秩序的墙面给人以简洁、宁静的感受；凹凸起伏、不规整的墙面给人以节奏、韵律的动感；虚拟、通透的墙面造型，给人以空间的连续和延展性的感受。对于材质、光影、色彩的运用则应根据墙面造型的特点、环境氛围营造的需求来综合处理。

(四)室外空间环境设计基础

1. 室外环境的概念

室外环境具有十分广泛的含义，它包含自然环境和人工环境。自然环境表现出一种空间无限的伸展感，其界限、范围、尺度很难定义。日本著名建筑设计师卢原义信在《外部空间设计》一书曾指出：外部空间的产生是从人们在自然当中限定自然开始的，是从自然所划定的空间，它与无限伸展的自然不同，是由人创造的有目的的外部环境，是比自然更有意义的空间。例如，旷野中的一棵参天大树只是大自然的美丽所致，而广场上的绿荫设计则为人们创造出了适合聚集交流、遮阳休息的外部空间。

因此，我们这里讲的室外环境主要是相对于室内环境而言的，主要指的是建筑外部环境，是建筑周围和建筑与建筑之间的环境，是以建筑构筑空间的方式从周围环境中进一步界定而形成空间意义上的环境，与建筑室内环境同是人类最基本的生存活动环境。例如，广场、街道、公园、庭院、绿地等环境的设计都是为满足人们日常活动而设置的相应环境，整个城市环境就是一系列建筑外环境的集合。在此环境中还须有其他的要素，如水体、绿化、公共设施等，它们共同构成了室外环境的基本组成。

2. 室外环境设计的主要构成要素

(1)道路。道路把人与环境联系起来，使人们能便捷地从一个环境到达另一个环境。它构成的交通与活动环境，是室外环境设计中主要内容。

道路的容量。道路的容量主要指道路的宽度，道路的宽度是否合适取决于它与所承载的人、车的流量匹配度。例如，宽 60 厘米的石子路适于一个人通过，2 米左右的道路可容纳一位男子与推着婴儿车的人擦身而过。

道路的形态。道路的形态主要有直线与曲线之分。直线行进的距离最短，可以使人们方便快捷地到达目的地，也符合人们喜欢走捷径的心理。例如，剧院与停车场、公交车站与办公楼的道路应尽量设计为直线，以利于人流车流快速行进。但在有些环境中，却需要设置曲线形态的道路。例如，居住区一般采用弯曲的蛇形道路设计，以阻碍车辆的快速行驶，避免给居民带来安全隐患。在园林或公园中，为了便于游人能够充分欣赏景物，常分布着许多自然曲线的小径，给游人带来步移景异的感觉，构成生动、雅致、和谐的休闲环境。

道路的铺装。道路的铺装材料应考虑到适用性、维护便捷、耐磨、防滑、视觉效果等因素。常用的材料有混凝土、石材、沥青、鹅卵石、木材及综合材料。各种材料有其不同的特点与适用范围，设计时要根据路面的不同使用功能及周边环境的不同灵活搭配使用。一般车流量较大的街道应以易于修复、耐磨性好的沥青、混凝土铺装为主。以人流为主的商业街道可以采用大理石及花岗岩等材料铺地。在休闲环境中，可以采用碎石、鹅卵石等材料，营造亲切、自然，富有人情味儿的空间。

道路中不同的铺装材料对人与车的行为具有暗示作用。如沥青、混凝土路面提示车辆快速行驶，而经过砾石路面则需减速慢行。路面上还常会配套设计一些标识来引导人与车的行动，增添了空间的趣味性。

选择材料时还要注意其色彩、图案的变化，它是体现环境美感的重要因素。以通行为主的路面色彩宜淡雅，图案宜简洁，不宜有过多的修饰。在休闲娱乐广场、商业步行街和小区内则可选用色彩相对跳跃、图案相对丰富的材质，以增强空间的活力。

(2)城市广场。城市广场是城市形态中的节点，一般位于城市的重要位置，通常由周边建筑围合而成。它是公众特定行为的集中地、道路的交汇点以及城市结构的转换处。其形态、艺术、文化特征往往能够成为城市形象与特色的代表。例如：威尼斯圣马可广场、罗马圣彼得广场、比萨广场、北京天安门广场、上海人民广场、哈尔滨索菲亚建筑艺术广场等。

城市道路派生场地。城市道路派生场地是城市道路与建筑领域之间增设的必不可少的缓冲空间。其面积一般不大，形式灵活多样，可以是建筑局部退后而形成的广场，也可以是街角节点广场。为行人提供了停留、活动、休息的场所。

区域内部场地。区域内部场地是指具有独立领域的一些单体建筑周围的场地或其内院。这类场地一般相对独立，常用围墙、花坛或不同材质的铺地以达到区分空间的作用。例如，学校的中心广场、运动场、住宅的庭院等。

(3)水体。水是人们生活环境中不可或缺的一部分，现代城市尽可能多地创造亲水环境使人们从观水与戏水中获得不同的感受。波光粼粼的湖面、潺潺的溪水给人以宁静、温馨、自然的感受；飞溅的瀑布、喷泉给人以激情和动感。水还可以降低并减少空气的温度和其中的尘埃，增加空气的湿度。因此，水在环境中的应用不仅能够满足人们的生理、心理需求，还能美化环境，改善城市面貌，提高城市综合环境质量。

喷泉。喷泉是城市环境应用较为广泛的景观形式。以其立体、动态的形象成为环境中的视觉焦点。在外环境中，常用喷泉来组织空间，用其丰富且富有动感的形象来烘托和调节整体环境氛围。一般设置在广场、公园、商厦、居住区的公共空间中。喷泉常与水池、雕塑、植物、山石等景观结合配置，这样能取得较好的视觉效果。近年来，随着科技的发展，出现了音乐喷泉、时钟喷泉、变换图案的喷泉等。

瀑布。瀑布本是一种自然景观，极具动感和磅礴的气势，在现代环境中常借用自然瀑布的形象来构成人工瀑布。它的形式多种多样，有泪落、线落、布落、丝落、段落、对落、二层落、帘落等形式。人工瀑布中水落石的形式和水流的速度决定了瀑布的姿态，水自高处泻下，击石喷溅，使环境产生了丰富的变化，传达出特有的情感。

水池。水池是最为常见的理水形式之一。它具有平和、宁静的特点，加之与周围建筑、树木、雕塑相配，倒影交错，使人心旷神怡、浮想联翩。水池一般分布在广场、园林、庭院的中央，或大型建筑前后的公共空间中，并配以水生植物及游鱼嬉戏，能够渲染出如画一样的意境。

(4)绿化。绿化是城市景观最基本的环境要素。它不仅能丰富环境的色彩、美化环境、寄托人的情感，还能净化空气、降尘消噪、遮阳蔽日，还是组织环境空间重要的手段。绿化主要分为树木、草地、花卉等三大类。

树木。树木可分为乔木、灌木、藤木等。它们各有其不同的形态和特征，因此要根据环境的需求来选择不同品种的树木。例如，乔木体形比较高大，常用来做行道树、庭荫树、景观树等；灌木相对低矮一些，常经修剪后形成绿篱、绿带，并构成分隔空间的元素，在有些环境中常与一些小的景观结合使用，如休息座椅、花坛。藤本植物擅长缠绕、攀爬，一般依附于廊架、建筑、围墙形成漂亮的绿壁，能起到点缀与装饰环境的目的；同时，它还是一种天然的保护层，避免表面风化，减少结构变形。

不同类型树木也可组合栽培，以点、线、面的形式进行分布。例如，如果要突出某环境的中心，可采用孤植的方式，以姿态丰富、独具特色的点状形式安排，容易形成视觉的焦点；如果要体现环境规整、秩序的视觉效果，可运用列植方式，以线的形式来布置，并对空间起到一定的分隔与限定作用。如果要表达树木的多种姿态给环境带来的美感，可利用群植的方式形成大面积的绿化，通过树木的高低错落、疏密排列、色彩变化来营造环境的特色。

树木的生长具有一定气候和水土条件的要求，不同的季节，枝、叶、花果其色彩都会有不同的变化，栽种时要充分考虑这些因素。根据植物四季的季相，处理好在不同季节中观赏不同植物的风貌及色彩，能达到具有时令特色的艺术效果，让人们在每个季节都能体会到植物所带来的愉悦与美感。

草坪。草坪是环境绿化设计运用最为普遍的手法之一。它能净化空气、吸附灰尘、保持水土、减轻噪声、保护环境。

草坪分为供人们游戏、休闲的使用性草坪和装饰环境的观赏性草坪。前者对公众开放，供人们休息、散步、嬉戏等，一般选用韧性较强、较耐踩踏的草种；后者一般禁止进入或踩踏，不对外开放，一般选用颜色碧绿均匀，绿色期较长，耐寒、耐热的草种。草坪常与花坛和树木、雕塑等相结合，使其色彩、质感取得良好的视觉效果。

花。花在外环境中常以花坛、花池、花圃或盆栽的形式出现。具有强烈的装饰韵味，能起到点缀环境、突出景致、渲染气氛的作用。花坛、花池还可以和座椅、栏杆、灯具等结合起来统一设计，使其富有实用性和可观性。对其造型设计要注意平面图案与立体形态的变化，注意节奏韵律的体现，不同花色的搭配关系，与整体环境的协调关系，尽量做到在统一中寻求变化。

(5)公共设施。休息设施。休息设施是指为人们提供休息、交流、读书、思考、观赏风景的服务性设施，这类设计体现了对人的户外活动以及需求的关怀，是场所功能性及环境质量的重要体现；此外，人们的活动也组成了环境的重要景观，增加了空间的活力，给城市带来欢愉的气氛。

公共座椅主要有靠背椅和长凳两种形式，后者由于缺少椅背仅能提供座位，不能满足身体倚靠的需要。因此其休闲度要比前者略低。座椅的造型多种多样，常与花坛、围栏、路灯等结合在一起使用，形成各具不同风格式样，增添了环境特色。石质座椅结合花坛设计，不仅具有休息功能，同时对花草还起到了一定的维护作用。日本街头运用几何形、木质材料设计的极具趣味性、装饰性的座椅形式，不仅美观大方且生动活泼，别具一格。在绿林的掩映下，一条红色的“飘带”成为林中的景观；同时，也为人们提供了休闲、娱乐的场所。

座椅的设置方式应考虑人心理与行为习惯，一般背靠花坛、树丛、围墙等，面朝开阔地为宜。供人们长时间休息的座椅要注意其舒适度与私密性。短暂休息用的座椅要考虑其使用效率。

娱乐服务设施。游乐器材不仅适合儿童，也是青年、老人所喜爱的设施。主要包括游乐与健身设施等，通常设置于居住区、公园、绿地、广场内。它不仅能够锻炼身体，还能陶冶人们的情操，也是休息放松的一种积极形式。此类设施需充分考虑使用性质和使用群体，注意其安全性、尺度、色彩、造型、材质的综合设计。如儿童的一些攀爬设施，可采用软质材质，以避免其游戏时受伤。色彩设计应醒目、活泼，形式不仅要美观也要简单易操作。

信息设施。具有传达信息、提供指示、介绍等作用，是一种信息的媒介，为人们提供舒适性和便利性的服务，主要包括广告牌、指示标志牌、电话亭、钟塔等。

此类设施的设计一般要以容量小、简单易识别、造型有个性特点、分布密度合理、使用方便、与周围环境相协调为基本原则。例如，当人们进入一个陌生的环境，通过带有简单介绍的文字、图示、记号、使人一目了然的导游图，能够很快地引导人们熟悉陌生的环境，并明确所处的方位。信息设施不仅能提高人们的生活质量，又能美化景观，还能产生良好的经济效益，是室外环境中必不可少的元素。

照明设施。城市环境离不开现代化的环境照明，它是城市夜间活动、夜景美化不可缺少的一环。环境照明设施需达到不同环境对照明标准的基本要求，以保证人们夜间活动的方便，同时防止事故与犯罪的发生，还需要结合环境特征，对灯光的色彩、照明方式等方面仔细推敲。例如，上海外滩是人们夜生活的聚集地，其照明的形式多样化，亮度较高，灯光色彩鲜亮、对比较强烈，突出了都市生活的繁华。而居住区，是人们的栖息之所，应给人以安静、温馨、亲切的氛围。因此，照明一般采用色彩淡雅、亮度柔和的设计效果。室外照明灯具的设计除了需要考虑夜间的照明要求，还要注意白天的装饰效果，其形态、尺度、造型、色彩等会对环境产生重大影响，已成为今天城市景观的重要组成。

卫生设施。卫生设施主要的目的是为维护城市环境，包括垃圾箱、烟灰缸、饮水器、洗手器、公用厕所等。这类设施不仅满足人们的不同需求，还有助于保持环境的干净整洁，大大提高环境的质量，可以说是城市环境的净化器。一般设置于街头、广场、公园等人流量较集中的公共场所。其造型设计应简洁、使用方便；同时，还要注意管理和维护，充分发挥其正常的功能和作用。

（6）艺术景观。环境的美化需要多种多样的艺术表现形式和手段来辅助实现。为了增强环境的艺术、文化气息，提高环境的品质，营造环境氛围，设计者常采用雕塑、奇石、假山、雕花围栏等艺术景观来美化环境。现代艺术景观设计手法多样、内容丰富、材料广泛，具有极强的艺术表现力和感染力。不同的环境应设置不同类型的艺术景观。例如，哈尔滨太阳岛内的雕塑设计，人物形象生动逼真。因为它的出现增添了环境的情趣性。哈尔滨防洪纪念塔广场，其雕塑主题性强，形态挺拔、宏伟，营造了庄严、神圣的环境氛围。

因此，只要我们认真观察生活，就能够体会到生活中处处都充满了艺术的形象和魅力。富有个性的休闲座椅、造型奇特的拦阻设施、色彩鲜艳的消火栓等都可能成为城市美丽的风景线。

（7）建筑小品。建筑小品主要指的是一些小型的建筑物或构筑物，其功能单一、尺度较小，不足以对外部环境起到控制作用，但常常成为局部空间的焦点或局部空间的围合和划分的重要元素。常见的有凉亭、小桥、廊架、候车亭等。建筑小品既可以满足一定的使用功能要求，又能丰富空间层次，增添环境的氛围，是外环境中不可或缺重要的构成要素。例如，小区中的凉亭，是人们茶余饭后喜欢去的地方，在它所限定的空间里人们可以聊天、乘凉、玩耍。由于凉亭具有美观的造型，因此也成为这个环境中的一处景色。花架、连廊对空间起着连接过渡、引导的作用；同时，也具有围合与划分空间的功能。通常与植物、座椅等室外环境要素结合起来进行设计，以达到美观实用的目的。

3. 室外环境设计的基本步骤和方法

(1)自然环境分析。自然环境主要包括地貌、地形、土壤、位置、植被等自然条件，它影响着外环境设计的结构布局及构筑方式。地形、地貌、水体和植被对设计影响较大，作为有形的要素，它们直接参与到室外环境设计中来，影响着空间环境的整体布局、外观形式和艺术氛围。

地形起伏的地块层次丰富多变，而平坦开阔的地块气势磅礴。一般来说，坡度小于4%的场地可以近似看成平地；坡度在10%之内对行车和步行都不妨碍；坡度大于10%，人步行时会感到困难，需要改造并设置台阶。起伏较大的地形要结合其特征合理地设置台阶、平台以增加空间的层次感和趣味性，使外环境显得更有特色。不同地形其通风、排水的要求也不同。如果在用地中有自然水体濒临或穿过，可以加以改造利用，使其成为环境中的一部分。在用地内，如果有浓密的林带和植被存在，会成为设计中良好的外部环境要素，能够提供新鲜的空气、阻隔噪声、遮阳蔽日，给人以宁静舒适的感受。

总之，在设计中要学会利用一切有利的自然因素，运用借景、对景、框景等手法来寄托、启迪和鼓舞。在这个环境中，把自然的景观引入到小环境当中。利用属性远远大于物质属性。而像商业街的设计，要避免对自然环境的破坏，以广场为例，一般主要作为购物、娱乐、休闲、餐饮生态可持续发展的设计理念的场所，则侧重于物质功能的体现。

(2)人文环境分析。人文环境主要指的是对地域、社区文化背景和使用群体的生活习惯、风土人情等方面特征的把握。不同国家、不同地域、不同民族在室外环境艺术的处理上有很大差异，即使同一地区、同一民族在不同历史时期也各不相同。例如，在西方从古希腊到古罗马，从哥特到文艺复兴，从巴洛克到古典主义，不同历史时期环境艺术的处理方法各不相同。因此，对这些因素的把握有利于与大的背景环境融合，形成具有历史积淀和地域特色的环境氛围。

此外，对室外环境的设计还要考虑到用地内已有的建筑、道路及各类设施对环境的影响，特别是周围已经形成的特定环境。美国建筑师赖特在有机建筑理论中指出：建筑应该是从环境中自然生长出来的，建筑的外环境何尝不是如此。每一处新建的外环境能否成功，是否有生命力，关键在于它是否能成为周围大的建筑环境的有机组成部分。

(3)功能分析。任何一个室外环境设计均应具有一定的目的性和满足特定的功能要求，主要包括物质功能和精神功能两个方面。但由于环境的使用目的不同，地点、位置的差异，环境所体现的功能亦会有所侧重。例如，唐山纪念碑广场，是为了纪念唐山大地震而建的，设计体现出了唐山人民百折不挠的抗震精神和“一方有难，八方支援”的中国传统美德。整个广场营造出凝重、庄严的气氛，给人们的精神带来了一种紧张感。

在确定了用地空间的功能性质后，接下来就涉及环境中具体的功能设置。首先，要确定空间中有哪些具体功能部分，然后根据不同功能部分的要求相应地确定其空间的大小、空间类型关系等；其次，在确定空间的大小时，不仅要满足使用功能的要求，还需要考虑其精神、文化功能以及与周围环境尺度上的和谐。不同使用功能大多对应着不同空间类型。例如，封闭的空间适于交谈、休息、读书；敞开的空间适于集会、表演、散步等。

(4)空间的组织、规划。综合以上的分析，我们需要把这些形态各异、大小不等的空间经过一定的逻辑和顺序串联起来，形成一个有机整体。在这个环节中，要仔细考虑各功能空间的位置关系、空间形态、整体环境空间的结构以及外环境构成要素与空间的联系等方面的问题。

首先，要把这些功能进行分类，明确功能之间的关系。然后，根据功能之间的远近亲疏的关系进行空间的功能和位置安排，需要注意的是，在进行各功能分布时，除了满足使用功能的合理性外，同时还要考虑其空间形态的组合效果以及整体空间组织结构，以形成合理的空间规划，使环境整体统一而又富有变化。最后，根据环境使用功能与装饰需求，设置相应的公共设施、绿化、水体、艺术景观等环境要素；同时，这些要素也对空间的组织起着重要的作用。在这个设计过程中要注意色彩、材质、图案、造型等与环境的搭配与协调关系，营造出人性化的、富有特色的环境空间。

4. 室外环境设计案例分析

(1)深圳市东海花园。深圳市东海花园二期位于深圳市福田区南部的农科中心，与深南大道、香蜜路相毗邻，是城市规划中拟定居住区用地的一部分。小区周围无噪声源和噪声干扰，也无工业和其他环境的污染源，是住宅区的理想用地。在小区室外环境规划设计总体思路中，结合了深圳的地理环境、人文、气候等条件，配合高新技术产业的发展和应用，创造性地树立了一个“以人为本”的人文居住模式成为高尚典范。环境设计特点有如下几点；

①小区的庭院景观空间由各栋住宅楼围合形成，设计以水为主，形成巴厘岛式园林风格。会所与室外泳池为庭院中心轴线，在庭院中有绿化、植物景观、室外泳池(含儿童泳池)、假山、装饰水池、铺地、亭子、柱廊、小品、雕塑、儿童游乐场等设施，不仅为居民提供环境物质上享受，也创造了开阔的户外活动空间。

②各栋住宅楼的底层为架空层，6 米高的层高，通透光亮，架空层的绿化配合室外景观的设计，既为阅读、学习、聚会等提供了遮风避雨的场所，又将小区内庭院的园林景色与架空层绿化相渗透，起到空间交流的作用。

③每栋建筑屋顶和高层住户设有屋顶花园，结合地下停车场的周边植物将绿化从地下引向空中，形成了多样化及立体化的绿化效果。

④小区的行人活动与车辆系统分离，庭院内的环形消防车道处理成隐蔽式车道，消防车道上面可铺草皮，只设 2 米宽人行道，以增加绿地面积和加强绿化效果。

⑤考虑深圳市的地理位置，为适应其亚热带气候，衬托出小区卓越的建筑设计造型，园林设计综合了热带种植的选择，参照东南亚造园手法，

营造出独一无二的巴厘岛风情，配植上的色彩、高低错落的变化多以大自然为蓝本，选用了如中国台湾枣树、华盛顿棕榈、狐尾槟榔、龙血树、橄榄椰、龙舌兰等热带高大植物。多数为大陆住宅小区少用或未用过的品种，使其热带风光表露无遗，给人新鲜的美感。整个庭园采用的植物多达 80 种，却多而不乱、层次分明，彰显大方宜人的热带自然风光。立面上使用造坡、高低花池、花盆的设计手法，从地面到空间自然过渡，无造作之感。由于花木种植达 70 多万株，四季有花，色彩丰富，并随季节不同产生不同效果；同时，设计者从叶到花、从高到低进行植物的合理搭配，达到了高尚的造园境界。

(2)北京王府井商业步行街。规划的原则为统一原则，强调商业街的完整性和统一性，以风格统一的环境设计来规范整条街道，并要求对这条街实施统一的管理；以人为本原则，贯彻以人为本的思想，充分体现对人的关怀，创造轻松、舒适、独具特色的休闲购物环境；文化原则，努力提高文化品位，精心设计小品与绿化，整治广告与店面的形象，并通过雕塑展示王府井的历史；简洁原则，从整体风格到细部设计遵循现代、简洁、朴素淡雅的原则，避免过度刺激性的灯光与广告营造出的商业气氛，凸显王府井建筑与环境自身的魅力。

详细规划。①景观节点：根据王府井商业街平面构成及空间形态选取四处主要景观节点。一是王府井商业街南入口；二是好友商场小广场；三是王府井百货大楼主广场；四是金鱼胡同口。在商业街南入口的明辉大厦(后改名为王府井女子商店)的南墙上悬挂独特的传统牌匾，起地标及提示作用；结合好友商场及百货大楼前两个广场的特征，分别以自由活泼和严谨的对称手法进行设计，创造出具有较强对比的两个广场空间，满足市民的不同要求，丰富商业街的空间组合；在金鱼胡同处，结合新东安市场的轴线，以地面铺装的方式设置地标，显示商业街的端头位置。②道路交通：为减少机动车与商业街的交通矛盾，将其确定为公交步行街，允许公交及特种车辆通行。考虑到商业街两侧传统商店前人行道过窄的缺陷，在车行道定线时，对现状道路稍做调整，继续保持曲线型，既照顾了商店前的步行空间，也丰富了道路景观。为体现人本精神，还取消了道牙，使街道空间更开阔，通行更方便，组织交通更灵活。为增强商业街的可达性，对公共交通线路和汽车、自行车停车场进行了专门规划。服务设施包括电话亭、邮箱、报刊及小卖亭、垃圾桶、座椅等，均与各专业部门配合，统一布局及造型设计。在造型设计中强调突出王府井的特色，使各项服务设施小品之间虽功能各异，却又有相似的因素，形成整体全街特有的小品系列。为方便顾客停留、休息，在商业街的逗留空间排列大量座椅，座椅的位置遵循顺畅原则，与步道平行排列，不影响通行空间中行人的活动，同时也满足休息者的观景需求。③景观设施：为营造商业街轻松自然的活跃气氛，在大街上安排绿化、雕塑、喷泉、橱窗、广告、标物等。通过设置步行道树，增设草坪的活动花坛美化街道。在广场上通过喷泉与绿化的设置强化景点特色。通过古井的标识、南口牌匾、新东安市场前反映明清时期民俗的雕塑，展示王府井的过去与现在，增加人文景观，给人以历史联想。王府井街的标志在地面铺装、花架、门牌等处重复出现，增加了王府井大街的统一性和可识别性，突出了商业街的独有品牌。④照明设施：照明设施包括车行道灯、人行道灯、广场灯、埋地灯、泛光灯等。其造型以现代、简洁为主，与整条街风格一致，以灯光丰富建筑和道路景观。⑤店面装修：依据城市设计确定的整饰原则对各商店进行装修设计，争取在统一中求变化，使店面装修既符合整体环境的要求，又造型各异，丰富多彩。

(3)洛杉矶珀欣广场。珀欣广场位于洛杉矶第 50 大街与第 60 大街之间，其历史可以追溯到 1866 年。从那时起，该广场曾被重新设计过多次。

①该设计用正交线组织，顺应了城市原有脉络。粉色混凝土铺地上建立起了一座 10 层高的紫色钟塔，与此相连的导水墙也是紫色的，墙上开了方的窗洞，成为观赏毗邻小花园的景窗。

②广场的另一侧有一座鲜黄色的咖啡馆和一个三角形的停靠站或公交站点，后者靠着另一堵紫色的墙。每条街前原来都有进入地下车库的坡道，现在一条连续的人行道被加进来，可直接通过坡道入口。这样在四

角上均安排了步行人流使用的入口。两三棵并排的树限定了广场的边界。成组成群的树，既减弱了环绕广场的车行路的影响，又使广场与周边建筑的产生联系。在广场东边，对着希尔大街，由老公园移植过来的48棵高大的棕榈树在钟塔边形成了一个棕榈树庭。在广场中央是橘树园，这也是洛杉矶的特色之一。除此之外还有天堂鸟、枣椰树、墨西哥扇椰树、丝兰、樟树等。

③圆形的水池和正方形下沉剧场是公园中规则的几何元素。水池边的铺地用灰色鹅卵石铺成并与周围铺地齐平，有意做成碟子的边缘形状，匠心独具。在水池边缘，从导水墙喷出的水落入水池中央，起起落落，模仿潮汐涨落的规律，每8分钟循环一次。水池中央还有一条模仿地震后的齿状裂缝。对可容纳2000人的露天剧场地面植以草皮，只在草坪中设置了一些折线形的矮墙，其高度可充当座凳。踏步用粉色的混凝土。舞台的标志是四棵棕榈树，同水池一样，它们也是对称布置的。广场的出色之处在于运用了对称的平面，但被不对称却整体均衡的竖向元素打破，如钟塔、墙、咖啡店。

该广场以自然与秩序并重的城市设计手法，开阔了城市社会生活的范围，表现了作为场所精神之存在的空间环境；同时，设计考虑了与南加利福尼亚的拉美邻国墨西哥文化方面的关系，试图建成一个满足多重使用者的广场空间。

(4)华盛顿越战纪念碑。纪念碑为建于坡地之中的黑色花岗岩墙体，先是缓慢地向低处绵延近70米，碑体也逐渐升高，到达最低处转折125°后再向高处继续延伸70米左右。碑体呈V字形，按照字母顺序刻列57939位阵亡将士的姓名。纪念碑及环境设计非常完美，受到了广泛赞誉，被认为是20世纪最杰出的纪念性建筑之一。

环境设计特点：①场所创造。纪念碑建在一大片绿地之中，营造空间的要素只有两片墙体和地面的铺地，但设计却十分巧妙。墙体一开始的背景是青色的草坡，随着人向着低处走去，墙体慢慢变高，遮挡了人们的视线，使人们直面碑体，完全沉浸于黑色磨光花岗岩构成的环境之中，被

5 万多个阵亡将士的姓名包围。这时环境所塑造的肃穆、深沉、悲伤的氛围与纪念主题是非常吻合的。当人们沿着墙体逐渐走向地面再次看到青青的草坡时，整个纪念的程序走向尾声，参观者的心绪也从激荡趋向平和。V 字形的碑体分别指向林肯纪念堂和华盛顿纪念碑，通过“借景”让人们时刻感受到阵亡将士纪念碑与这两座象征国家的纪念性建筑之间密切的联系。前者伸入大地之中绵延而哀伤，后者在天空的映衬下显得高耸又端庄，场所寓意是多么贴切、深刻。铺地材料主要有两种，中间是光滑的花岗岩石板，两侧用块石铺就，为往来穿行者与凝神瞻仰者创造了各自的领域。②人的行为与环境。该设计之所以将环境做如此洗练是因为它将参观者的行为与环境有机地结合起来。无数参观者以各自的行为、表情、心绪为简洁的环境创造了最大的丰富性，一些人抚摸亲友的姓名，有的还用纸条磨印出拓痕带回家纪念……而如镜的黑色花岗石更是将这一切映照于之上，将神态各异的人们与阵亡的故人联系在了一起。

第二节　室内设计透视图及其画法

透视图是以作画者的眼睛为中心做出的空间物体在画面上的中心投影。它具有将三维的空间物体转换成便于表现到画面上的二维图像的作用，它是评价一个设计方案的好方法。若想绘制理想的透视图，就必须重视透视图的科学性，应按照透视的基本规律，运用科学的作图方法进行绘制，才能使透视图中的物体形象真实地体现其形体结构与空间的关系。

室内设计透视图的分类：透视图的目的在于将所设计的室内空间更立体、准确地表现出来，它是以最快的视觉语言向客户充分说明设计师的设计意图和目的的表现手段。按照几何学的说法，任何形体都是由点积聚而成的，所以用透视法的“直接法”求形体上的若干个点，将这些已求好的点进行连接即可得到全方位的透视图。但用此方法有时会因物体的形状而导致作图相当困难，也不易求得正确的透视关系，因此求点的直接法多作为辅助方法，而一般所采用的方法是求消失点的作图方法，即先求直线的消失点，然后求直线全体的透视图，再决定必要的点和长度，如此便能求得正确的透视图。

掌握正确的、简单易操作的透视规律和方法，对于手绘表现至关重要。根据消失点的数量，室内常用的透视方法可分为：一点透视、两点透视、三点透视。多练习透视方法使人产生良好的透视空间感，透视感觉的好坏也往往与表现图的构图和空间的体量息息相关，好的空间透视关系决定了好的画面构图。

下面是透视学中的常用术语与含义。

(1)立点(SP)，观察者所处的位置，也称足点。

(2)视点(EP)，观察者眼睛的位置(一般在立点 SP 上部的某一点)。

(3)视高(EL)，观察者的眼睛距基面的高度，也是视点 EP 与立点 SP 之间的距离。

(4)视平线(HL)，观察物体时眼睛的高度线，又称眼睛在画面高度的水平线。

(5)足线(FL)，是求取物体在透视中的深度，由物体各点向 SP 点的连线。

(6)画面(PP)，位于观察者与物体间的假设的(透明)平面，或称垂直投影面。

(7)基面(GP)，承受物体的平面。

(8)基线(GL)，画面与基面的交线。

(9)视心(CV)，视点在画面上的投影点。

(10)灭点(VP)，与基面平行，但不与基线平行的若干条线在无穷远处汇集的点即为灭点。

一、一点透视画法

一点透视也称为“平行透视”，它是一种最基本的透视作图方法，即室内空间中的一个主要立面平行于画面，而其他面垂直于画面并只有一个消失点的透视就是平行透视。这种透视范围广、纵深感强，适合表现庄重、稳定、宁静的内部空间环境，但如果处理不当也会失真，例如当展开面过宽时，超出正常视角的部分则会失真。一点透视画法方便，一般使用丁字尺与三角板等工具配合完成。

(一)画图的准备

(1)画出图 5－1 中由视点 EP 所见到 A 墙面的室内透视图。

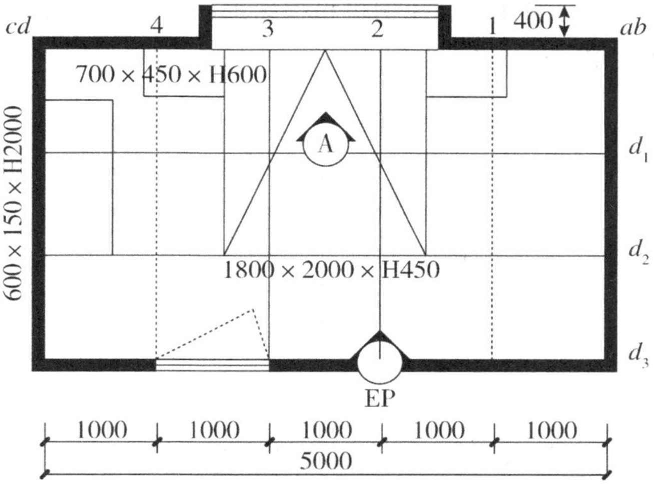

图 5－1　一点透视画法(一)

(2)所练习题目的相关信息如下。

①在平面图中按照 1∶50 的比例绘制透视图中所用的基准网格，也就是通过 1、2、3、4 各点的直线，各个点之间的距离相等，房间具体的尺寸如图 5－1 所示。

②画天花板两侧的边棚部分，其高度为－100 毫米，边棚边界用虚线表示。

③平面图中所包含的物体有：床尺寸为 1800×2000×1450；床头柜尺寸为 700×450×1600；衣柜尺寸为 600×1500×12000。

④将室内的天花板的高度定为 2600 毫米，窗高 1000 毫米，窗台高 1000 毫米。

⑤视点 EP 位置可在平面图下方的任意地方，其距离一般保持在与距 A 墙面宽度相同的地方，这样可以较容易的画出室内透视图。

⑥将平面图中所用的符号、文字、尺寸标注好，其相应的准备工作就完成了。

(二)画图的步骤

(1)作出透视图中的基准网格。

①如图 5－2 所示，在图纸的中央部分画出 A 墙面，墙面高、宽分别为 2600 毫米、5000 毫米。其比例可根据图纸的大小自由选择，在 A3 的图纸上一般采用 1∶50 的比例较合适。

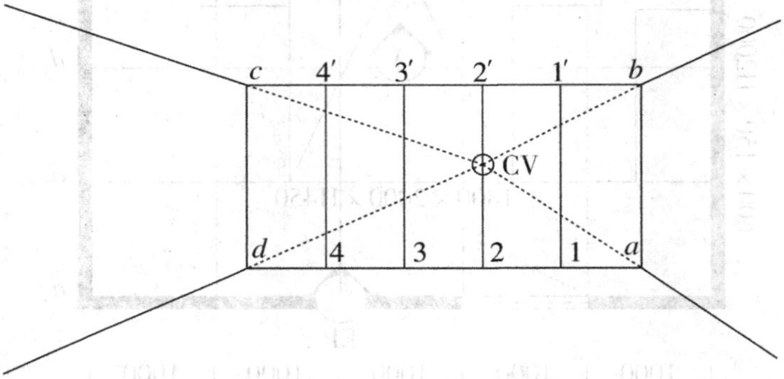

图 5－2　一点透视画法(二)

②在画面中确定视心 CV 的高度，通常采用眼睛的高度 1500 毫米左右最为合适。按照平面图中视点 EP 的位置来确定视心 CV(即通过 2 点与 2′点的交点)，在透视图中 2—2′上画出视心 CV，并将 CV 分别与 a、6、c、d 各点相连接。

③如图 5－3 所示，将线段向右延长，并在延长线上按照平面图相应测量出各点的距离。

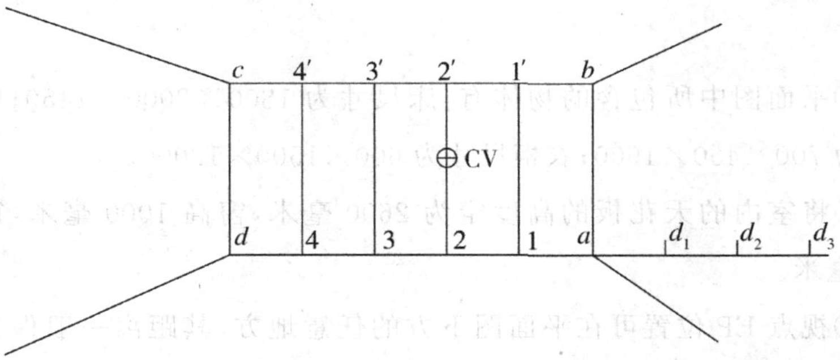

图 5－3　一点透视画法(三)

④如图 5—4 所示，分别通过视心 CV 和点 4 作水平线与垂直线，求出两线的交点，其该点为立点 SP。

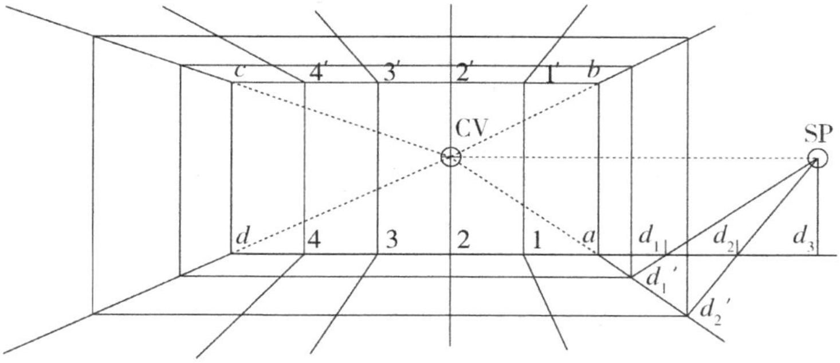

图 5—4　一点透视画法(四)

⑤分别通过点作水平和垂直线，以表现空间的近深，从而画出空间的基准网格。

⑥将视心 CV 分别和地板、天花板上各点(1、2、3、4，1′、2′、3′、4′)连接并做放射线，将其基准网格全部画完。

(2)画室内的窗户。按照比例沿线段向上测量出窗台高度 1000 毫米与窗户高度 1000 毫米，并按照平面图确定窗户的长度，如图 5—5 所示。

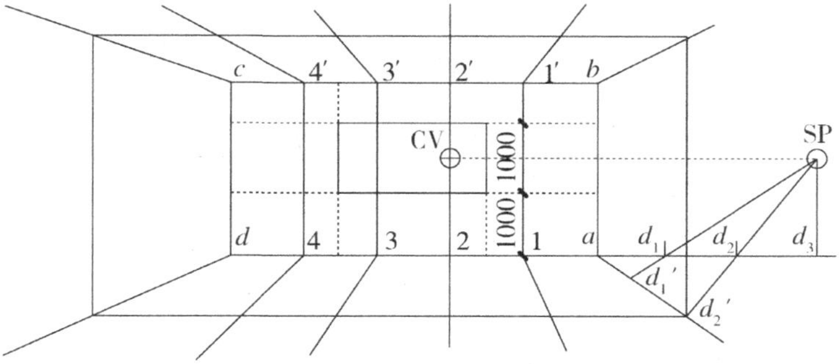

图 5—5　一点透视画法(五)

(3)画天花板中边棚部分。

①从室内平面图中，我们可以看出花板的边棚部分，对应平面图的基准网 ②从 c 点和 b 点分别按照比例向下方量格并找到透视图中的边棚基准网格的边缘出 100 的高度并将所得到的各点与视心并与视心 CV 相

连，如图 5—6 所示。

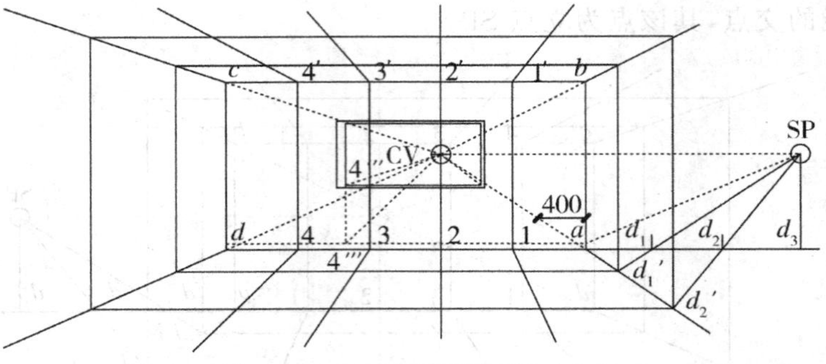

图 5—6　一点透视画法（六）

(4)画地板上的物体（以床为例，其尺寸为 1800×2000×1450）。

①首先，按照平面图中的基准网格将床所在位置的各个点分别与透视图中各点的位置对应起来，如在平面图可以量出床宽 1800 毫米所在的具体位置，然后把这个具体的位置放置到透视图中 ad 上，并从线向上量取床高 450 毫米，从而得到所需平面，如图 5—7 所示。

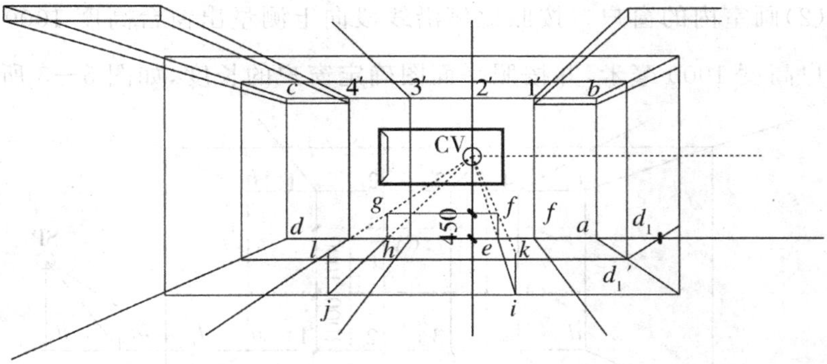

图 5—7　一点透视画法（七）

②分别通过点 g、l 与视心 CV 相连，并作延长线。

③分别通过 h、g 点向上作垂线，并与 g、f 调过视心的连线交于各点。

④将所得到的各点用实线进行连接，此步骤将已画完物体（床）在空间中的透视效果，如图 5—8 所示。

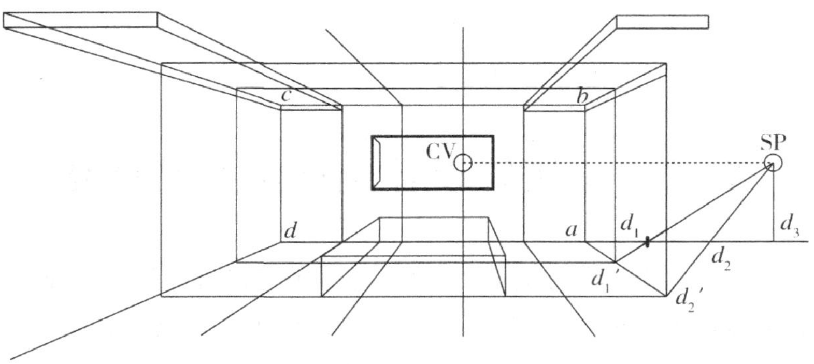

图 5－8　一点透视画法(八)

(三)总结一点透视作图要领

(1)首先按照一定的比例,绘制平面图中的网格,以平面图中所绘制的网格为基础来确定透视图中“物体”位置及大小,当确定物体的近深时,一定要在 a 线段的延长线上进行测量。

(2)室内透视图的图面大小可根据图纸纸张的大小而自由选取比例来进行画图,最常用的比例为 1∶50 和 1∶30。

二、一点变两点透视画法

一点变两点透视画法又称“微角透视作图法”,空间或物体与画面形成微小夹角而造成的一种视觉图样。它即具有一点透视中能够看见五个界面的特点,同时也具有成角透视的特征,此画法是在一点透视基础上形成的,把主墙面的一边向一个方向倾斜,从而得到倾斜的墙面,两个消失点分别在视平线上的画面内侧和画面外侧。

三、室内一角两点透视画法

两点透视也称为“成角透视”。即当主体与画面成一定角度时,各个面的各条平行线向两个方向同时消失在视平线上,且有两个消失点的透视现象就是成角透视。此透视方法可以同时看到物体的正侧两面,其画面效果比较自由活泼,所反映的空间接近人的真实感觉,是一种具有较强表现力的透视形式。正是由于两点透视具有上述特点,因此在室内表现中经常使用此透视方法。当一条斜线和水平线成45°，并将房间截取成"L"形时，称为45°室内一角两点透视法。

第三节 建筑设计透视图及其画法

建筑设计透视图的分类：建筑设计是一种对建筑空间的设计，建筑表现图必须表达出这种空间的设计效果。因此，建筑效果图必须建立在一种缜密的空间透视关系之上。对透视学知识的运用是掌握建筑表现图技法的前提。现代制图学已经为我们提供了在各种场景下的透视现象的制图方法，然而在实践中能否融会贯通，以最简洁的方法求出特定空间的透视轮廓，并非一日之功。

空间中相互平行的线条在与视线成非直角状态下，会汇聚到一点，这个点称为"灭点"；空间中相互平行的线条在与视线成直角状态下，会保持平行，换句话说，就是"无灭点"。随着视点与灭点的距离变化，会出现近大远小的现象。

建筑物多为三度空间的立方体，由于我们看它时的角度不同，在建筑表现中常用的透视图一般有三种透视情况：一点透视、两点透视、三点透视。

一、一点透视图画法

当我们站在笔直的街道中央，平视街道远方，会发现所有平行于街道走向的线条都汇聚到远处的一个点，而所有与街道走向垂直的线条以及垂直于地面的线条则保持平行。在这种情况下，由于只有一个灭点，所以称为"一点透视"，也称"平行透视"，这是最基本的透视作图方法。由于一点透视给人以稳定、平静的感受，适合展现建筑的庄重、肃穆的气氛，因此这种方法常用于表现一些纪念性的建筑。

二、两点透视图画法

当我们站在街道的一侧，向街道的另一侧平视，会发现所有平行于街道走向的线条汇聚到远处的一点，所有垂直于街道走向的线条则汇聚到另一点，而垂直于地面的线条则保持相互平行。

这种情况下，由于有两个灭点，所以称为“两点透视”，也称“成角透视”。因两点透视能够自由活泼地反映出建筑物的正、侧两个面，容易表现出建筑物的体积感，并具有较强的明暗对比效果，是一种具有较强表现力的透视形式，在建筑表现图中运用比较广泛。

三、三点透视图画法

当我们在街道一侧，向侧前方仰视街道对面的高楼，会发现高楼正面的水平线条都汇聚到远方的一个点，而侧面的水平线条都汇聚到远方的另一个点，高楼垂直于地面的线条则汇聚于天空中的一个点。

当我们身处高楼顶层向下侧前方俯视，会发现所有楼房正面的水平线条都汇聚到远方的一个点，侧面的水平线条都汇聚到远方的另一个点，而垂直于地面的线条则汇聚于地面以下的一个点。

这种情况下，由于有三个灭点，所以称为“三点透视”。这种透视方法具有强烈的透视感，特别适合表现那些体量硕大的建筑物。在表现高层建筑时，当建筑物的高度远远大于其长度与宽度时，宜采用三点透视法。

此外，在表现城市规划和建筑群时，如果站在高处向下观察，所得到的画面一般称为“鸟瞰图”。

第四节　景观设计透视图及其画法

景观设计透视图的分类方法如下。

一、景观低点透视图画法

当表现对象的形态较为方正时，景观设计低点透视图可采用一点透视或成角透视，从平面图拉出基本的透视关系，定好大概的形体关系，然后再徒手添加其他配景内容，画面逐步细化。

很多时候，景观透视表现的对象比较复杂，造型元素形态不规则，而且不具有平行方向消失的特征。如蜿蜒的溪流、曲折的园路还有姿态各异的植物等。根据这些特征，选择网格法进行透视图绘制是比较合适的。景观低点透视图通常以正常人的视高为取景高度，一般为 1.5～1.7 米左右。视线则通常以平视为主，少数情况采用俯视或仰视。

(1)在平面图上绘制正方形的网格，网格大小以方便定位即可，不可太大或太小。另外，网格必须完全将平面包括在内。

(2)根据建筑或室内的一点透视或两点透视画法将网格透视画出。然后根据网格与平面图的对应关系，在透视网格中表现出其主要形体。

(3)按照设计表现需要，逐步丰富细节。细节的添加应按照从整体到局部的原则，注意透视关系，以及与参照物的比例关系。

相对室内和建筑表现的透视而言，景观表现透视图的难点在于配景的绘制。景观表现图的配景绘制更多的是凭借经验直接画出，而不是通过求透视的方法画出。在配景的处理上应对配景的尺度有明确的要求，以及在画面中所处的位置，是高于视平线还是低于视平线。例如：人的高度在 1.6～1.8 米，那么平视的话，无论远近只要站立点在同一高度，配景人的头应该都处在视平线的位置。又如，轿车的高度一般为 1.4～1.5 米，长约 4 米多，宽约 1.7～2.0 米。那么平视的话，车顶一般略低于视平线。掌握这些规律对于把握配景的透视极为重要。

二、景观鸟瞰图画法

景观设计的鸟瞰图所表现的内容相对低点透视图要多很多，所表现的要素也常常呈现不规则的造型特征。根据这一特征，景观设计的鸟瞰图同样适合采用网格法进行绘制。

(1)在已画好的平面图上绘制正方形网格，将所要表现的内容包括进去。网格不要太疏也不要太密，以方便定位即可，并将网格的经纬线进行编号。

(2)根据表现需要，按照一点透视或两点透视的画法，将网格的鸟瞰透视图画出。这里要注意的是视点的选择，要对表达对象的生成效果有充分估计。

(3)通过平面网格与透视网格的对应关系画出各主要造型元素的透视。

(4)根据设计和表现的需要添加细部。这里要注意应遵循从整体到局部的原则,注意尺度和比例关系,如同素描和色彩的作画步骤。

第六章

新时期环境艺术设计实践环节的项目教学法研究

第一节　环境艺术设计专业的应用特征与价值走向

一、环境艺术设计专业的应用特征

环境设计作为创造美好生活场所的艺术设计门类，研究的对象是人、社会、环境之间的关系，所面对的是空间、时间、文化共同作用的动态市场，因此环境设计与区域环境、经济市场、人文历史密不可分。由于经济发展的不平衡，不同国家、不同地区的设计市场需求也是不一样的，教学体系上并没有一个统一的标准与模式，因此环境设计教育的发展也呈现不平衡发展的状态。而随着现代设计的发展，不同地域的教育模式、教育理念也在相互融合渗透，环境设计教育的发展呈现出多元化、综合化的趋势。经济基础决定上层建筑，对于高校的艺术设计教育而言，区域经济决定了市场需求，从而推动设计教育发展，而设计教育的发展又同时对市场有提高收益作用。因此，我国的环境设计教育必须从市场出发、从实践出发，结合地区经济特点，以社会经济的需求和市场动态的变化为准则，明确专业自身发展现状和市场定位，来进行专业培养模式和课程结构的改革，建立起具有中国特色的、符合区域市场发展的环境设计教育体系，完善高校的环境设计教学体制。只有这样，才能培养出应用性强、有特色、高水平的环境设计人才，从而推动设计市场和区域经济的更好发展。

（一）环境设计专业的市场需求

环境设计专业作为专业包含面广、专业拓展性强的场所艺术，涉及的专业领域众多，从而也造就了一个多形式、多产业、多方向的设计就业平台。从专业发展和就业市场的现状来说，环境设计专业前景广阔、需求度高，是中国设计教育与市场共同作用下的历史产物，是社会发展到一定阶段的必然结果。

1. 室内环境设计方向

（1）室内设计方向的市场发展。由于人们对空间的舒适度的要求及审美品位的不断提高，市场对室内设计的关注度逐渐上升，并由此让其成为最热门专业选择之一。室内设计的学科内容丰富，为学生提供了多样化的工作方向选择，如：家居室内设计、家具设计、展示空间设计、陈设设计、公共室内空间设计等相关行业方向。同时，居住作为人们生存的主要状态之一，必然是日常生活中最为关注的内容。除了基本使用功能，随着物质与精神需求的提升，人们对室内环境的需求也更加多样化、个性化，这一变化使室内设计越来越强调新型技术材料的运用，追求个性化与独创性强的空间质量。同时，市场的动态趋势、审美的供求变化也对室内设计的教学与实践提出了更高的要求和挑战。因此，在环境设计的教学建设上必须不断完善、创新，培养实践型设计人才，以适应专业的发展和社会的需求。

（2）室内设计方向的人才需求。室内设计是技术与艺术相融合的学科，这也决定了室内设计工作者的专业知识范畴是多面、广阔的。一个合格的室内设计师所必须具备的专业背景包括必须系统地掌握应用心理学、社会行为学、基础室内物理学；必须熟悉建筑学以及环境艺术学；必须不断关注设计市场范围内装饰材料与家具陈设的设计与创新动态；必须不断地从工地与实际生活中补充实践经验与实际生活体验；必须对新的生活方式、人与环境的关系具有高度的敏感度（周子建《论室内设计的市场教学机制》）。除了这些基础的知识背景，合格的室内设计师还应具有相应的艺术修养与艺术表达能力，包括良好的设计思维、清晰的空间意识与尺寸概念、健康的审美趣味以及综合的艺术观。

2. 城市景观设计方向

(1)景观专业的行业背景。城市，是与人类文明发展进化关系最为密切、联系最为广泛的环境形态。而城市景观作为城市的各种形态中最为重要的一种，直观地影响到城市给人们带来的视觉愉悦感、文化认同感及心理归属感。从古代城邦到现代都市、从古代园林到现代景观，景观设计专业是由工业化、城市化和社会化共同造就的产物。

中国的现代景观设计起步较晚，但随着20多年来社会经济的发展，城市化进程加快，与城市建设紧密相关的专业得到了迅猛发展，城市景观设计就是其中之一。现代景观设计所要面对的市场是一个对综合的环境形态的处理与改造的市场，是一个视觉审美、实用功能、城市文化相交融的共同体。而当下城市化所带来的各种环境生态矛盾日益凸显，赋予了景观设计从业者更加艰巨的社会使命，即人类、城市与生态之间的健康及可持续发展。在这样的市场背景下，景观设计所面临的城市与环境问题越来越多，涌现出各种类型的设计课题，包括公共广场、社区、街道、公共设施的设计等，对设计人才的综合能力及审美素养要求也越来越高。

(2)景观专业的人才需求。景观设计是关于景观的分析、规划布局、设计、改造、管理、保护和恢复的科学和艺术，是建立在广泛的自然科学和人文与艺术学科基础上的应用学科。尤其强调土地的设计，即通过对有关土地及一切人类户外空间的问题进行科学理性的分析，设计问题的解决方案和解决途径，并监理设计的实现。

城市化的迅速扩展和生活品质的高追求总是相互促进又彼此矛盾，使得社会和就业市场越来越需要并且重视培养能处理与改善这一复杂形态的景观专业人才。但目前我国的景观设计从业者的能力普遍无法达到客观市场的期待值，景观设计专业市场形态还不够职业化、规范化，与欧美等先进国家成熟的景观体系还存在着较大的差距。从业者的专业能力与职业素养参差不齐，没有建立起整体的环境观意识，对生态、人文等要素缺乏综合考虑，以至于在实践过程中会采取不合理的设计方法，破坏城市的生态环境与人文肌理，对城市形态造成不可弥补的伤害。景观设计是综合性很强的专业学科，从业者需要具备全面的统筹设计观，对景观形态中的自然环境、人类行为、心理感受进行统一设计。这就要求在景观设计的教学中要丰富学生的专业理论，加强城市学、生态学等相关内容的教学，并重点培养与提高学生解决实际问题的能力；同时，在市场上建立相应的考核、培训机制，制定基本的行业标准规范市场，以实现景观学科的系统化和标准化。

（二）基于建筑学与环境科学的综合学科

环境设计是一门实践性极强的专业学科，缘起于建筑学，服务于环境建设。因此，环境设计学科的课程体系是非常庞大的，与之相关的理论、技术、艺术及设计方法论相互关联作用、互相支撑，涵盖了历史人文、城市文化、地域环境、政治经济等方面，使得学科的边缘性和专业的综合性成为其专业课程内容最明显的特点。

环境设计作为建筑学不断发展所形成的新型学科系，与建筑是紧密相连、不可分割的，研究的实际上就是建筑室内外环境与人的场所关，同时环境设计从实践上来说就是一个营造、建设的过程，建筑学是环境设计教育的科学性基础与技术支撑。环境科学包含生态学、环境学、生物学、人口学等内容，而环境设计本身就是为解决综合的人居环境问题而服务的，与生态科学、文化地理学、人类行为息息相关，同时整体生态环境的发展变化也决定了环境设计的需求与要求，因此环境科学的内容对环境设计而言就是设计指导与发展规则。

因此，高校在环境设计的教学上应充分理解其专业构成要素，基于建筑学与环境科学的理性诉求，结合市场环境的实际需要，对教学目标及人才培养有的放矢地制订规划。在教学内容上要兼顾艺术审美与科学技术，并加强与相关专业学科的交叉联系，让学生建立起全面的环境设计观，提高学生的专业综合能力；在课程设置上，应加强对建筑学基础与生态人文的关注，培养学生对环境的全面认知和理性思考。

二、以可持续发展为主旨的环境设计专业

(一)可持续发展理论

1.可持续发展的概念

可持续发展主要是来源于生态控制论里面的持续自生原理,之后慢慢演变成了具有国际化的术语。可持续发展,在范围上包括自然、环境、社会、经济、科技、政治等多方面内容。从广义上来说,可持续发展就是一种对社会环境形态的前瞻性战略规划,旨在既能解决与满足当前的社会生活需求,又能为以后的社会环境发展留有持久再生的余地,不对生存环境造成破坏,并具有长远的发展潜能。可持续发展的出现与人类的生产生活密切相关,是生态环境与社会需求共同发展的产物,是实现人、社会与环境三者之间平衡发展的共生原则。可持续发展,对人类的发展起着指导性的作用。

2.环境设计与可持续发展

20世纪80年代以后,面对世界性的环境污染和资源匮乏问题,1987年,世界环境与发展委员会发表了《我们共同的未来》报告,首次提出了"可持续发展"的概念,随着理论研究和社会实践的深入,可持续发展观念逐渐成为人类面向未来的生存方式和生产模式的整体指引,传统的发展模式逐渐被倡导人与自然环境和谐共生的生态文明发展模式所取代,尤其在21世纪的今天,可持续发展观念作为生态文明建设的核心,日益成为人类面向未来发展的文明基石。

可持续发展所包括的内容就是社会可持续发展、生态可持续发展以及经济可持续发展这三部分。环境设计作为研究与探讨理想生活之境的实践应用型学科,与社会、经济、生态、文化之间联系紧密。城市的规划建设、建筑空间的营造、景观的设计以及对生态环境的保护等都是环境设计师的服务范畴。从实践上来说,环境设计是人类对生活空间形态的审美关注及品质追求,同时也是自然生态、城市文化、人居感受的综合物象载体。环境设计观念的客观化评判标准往往取决于一件作品是否能与客观

条件和自然环境建立持久的协调，而不单纯是造型艺术、形象艺术。环境设计是人类场所关系的艺术表现，对城市形象的塑造、精神文化的渗透及和谐生态的创建有着最直接的影响，孤立的或局部的美好景象与设施不能成为环境设计的全部。环境设计美所包含的艺术美与人们参与的创造活动有直接关系，环境是客观的，艺术设计是主观的，环境设计必须是在遵循客观物象发展规律的前提下，以设计者主观上有限的认知、需求和能力来对客观环境做一些可行的调整。

设计并不是无序的行为，如果说以人为本是基础的原则，那可持续发展就是对设计的根本的遵循，二者互为条件、不可分割。只有这样，才能在满足社会需求的同时，还能保障环境、社会、经济等多方面的均衡发展。我们不是社会环境的给予者，而是协作者、共存者，建构可持续发展设计观就是当前环境设计所前进的方向，对于未来设计的可持续发展有着关键性的作用。

（二）环境设计教学中的可持续发展教育

社会发展的理论核心就是可持续发展。时代不断地变迁，人类社会也在不断地进步，经济的发展推动着科学技术与教育体制的不断改革。自工业革命以来，生产技术的变革带来了社会关系、社会需求的变革，新的时代需要新的与之相对应的新型艺术教育，于是包豪斯出现了，高等艺术教育开始变革。20 世纪 50 年代以后，全世界的学生数量都呈现出迅猛增长之势，高等教育进入一个兴旺发展时期，艺术教育也随之向多元化趋势蔓延生长。高等教育作为个人、社区和国家文化不可分割的重要组成部分，其人才培养直接作用于社会形态并关系到国家的整体文化素质的呈现，因而教育的可持续发展与社会和环境的可持续发展是唇齿相依的。为此，如何实现高等教育的可持续、如何满足市场的人才需求是教育界永恒的重要主题，研究高等艺术设计教育中所存在的问题，从而促进教育体系的不断完善，对构建整体的教育可持续有着积极意义。

对环境设计专业的发展和教学而言，可持续发展的设计理念是非常重要的。在当下的环境设计教学中，人才的可持续是首要的任务，这就要求我们要把对创意思维和设计综合能力的培养作为主要的教学观。从观念上来说,思想决定高度,设计思维决定了设计的深度与广度,因此对学生的设计思维的建立与培养要始终贯穿于整个环境设计的教学过程中,充分启发学生的创意思考,注重个性发展与设计潜力。从课程结构上来说,基础训练与专业创作是一种对等的、相互影响的关系。具有艺术品质的环境设计作品,必然是在优秀扎实的基础上、与创意思维共同作用后所形成的创作产物。因此,要强调基础在环境设计课程中的重要作用,加强基础学习和专业通识教育,提升学生的专业能力、文化素养和生态意识,注重感性思考的建立和理性能力的培养,将环境设计的相关课程组成有机整体,并结合市场的需求不断更新,这就是对学生培养的一种可持续发展模式。

三、当代环境艺术设计人才的培养重点

(一)跨学科思维的培养

环境设计专业本身就具有跨学科的性质,要求设计者具备文学、美学、力学、工程等多种学科的知识及能力。这就要求我们在教学中要做到设计意识的整体化和专业知识的整合化,只有将学科包罗万象的知识点模糊界限、视为整体,才能更好地构建教学。

钱学森先生将构建"整体观念"看作是科研创新的重点,而长期以来,环境设计专业并没有一个系统的理论研究体系与整体的教学观,从可持续发展的角度来看,这一问题对学科的专业建设发展有着很大的制约影响。环境设计专业的学生主要以美术类考生为主,在进入专业学习之前并没有相关的设计体验。同时长期的文理分科体制,学生的理性逻辑思维与美学形象思维并不是处于均衡发展的,多数美术生在理性的逻辑思考方面本身就存在弱势,在进入高校后,所涉猎的课程类型众多,且设计课程又多是审美艺术与技术工程的结合。而部分高校以传统造型和三大构成课程为主的基础教学模式仍旧是延续一种美术生艺术培养的模式,随着专业深化,设计学科的理性思考、工程技术特点逐渐凸显,导致学生

力不从心，对设计对象的理解及对设计问题的解决都非常局限，这其中最主要的原因就是缺乏系统的、整体的、理性的设计思想的构建。环境设计不是单纯的艺术行为，科学技术、生态意识、行为心理无不包含在其中，加之专业课程的多样化，很容易在教学上出现知识的片面化和更新慢的问题，让课程彼此分离，并与设计实践市场脱节。跨学科整体思维的建立已经迫在眉睫，吴良镛先生早在《广义建筑学》中就有过"我们要自觉地进入整体思维"的超前观念意识。

环境设计专业体系复杂，以整体观念为出发点的跨学科研究是其实现可持续发展建设的必要前提。

（二）宽泛的综合型知识结构

环境设计的对象是与人们生活活动最为密切相关的室内外空间。环境艺术是多学科互助的系统艺术，与环境设计相关的学科有城市规划、建筑学、社会学、美学、人体工程学、心理学、人文地理学、物理学、生态学、艺术学等多个领域。在实践问题中，室内外环境的组成是一个多层次有机结合的整体，面临的或许是具体单一的设计问题，但在解决时还是要从整体的环境观出发，环境设计的功能从一定意义上来说是在处理生存空间的关系。

（三）创造性实践

哈佛大学校长普西说过："一个人是否具有创造力，是一流人才和三流人才的分水岭。"对于设计人才的培养，艺术文化素养与技术实践手段都可通过理论与实训来塑造，而创造力相较而言是一个抽象的专业能力表达，它介于感性思考与理性实践之间，赋予设计真正的活力与灵魂。

我国设计教育发展较晚，很多方面都是在模仿与摸索中前行，理论可以复制，理念可以模仿，能力可以锻炼，而创造力却不是朝夕可以形成的，它是一种设计思维的个性化、活跃化和能力化。而纵观我国的环境设计教育的发展，总是习惯于将实用技术能力作为先导，忽视了创造力培养对于实践的积极引导意义。

在教学内容上，室内讲装修、景观靠植物似乎已是常态，以设计实用技能为主要内容，主攻解决问题的手段技巧，缺乏完善的设计方法论的指导；在课程设置上，设计专业初级阶段的基础课程除了三大构成和造型写生，再没有更多的创意方法培训课程，对学生的创意思维潜力开发度低；在教学过程中，往往教师本身的创新意识就缺乏，对学生创意思维的关注不够，只在乎设计的图面表达成效，不重视艺术的原创精神与个性表达。总体看来，在创造力的培养上，与西方发达国家完全不在一个水平线。

环境设计是营造美好环境的场所艺术，既是艺术，除了共性的特征表达，也应有个性特征的呈现。同时，环境设计也是现代创意产业的一部分，创造力的重要性显而易见。因而，面对中国基础教育中创造力教学的缺位，高等专业教育阶段有必要针对性地对学生进行创造力的开发和训练，以弥补基础教育对设计专业人员基本创新素质培育的不足。因此，要想为环境设计专业培养出适应学科发展的、有竞争力的人才，学校的教学模式就应摒弃复刻式与灌输式，向创造型方向转变，增加培养训练设计创意方法的课程，如建筑思考等，让创造力实践课程成为环境设计基础教学体系的有机部分。

第二节　高校环境艺术设计专业教学中的项目教学法

一、项目教学法与环境艺术设计专业

(一)项目教学法

为了培养实践型人才，项目教学法应运而生，并得到了快速发展。项目教学法将学习过程分解为详细的项目工程，学生在教师的帮助下完成独立的项目。在这个过程中学生需要自己搜集、处理信息，设计项目方案并实施，最后对项目成果进行评价，为下一个项目做准备。通过项目教学法，学生将学习成果同实践结合，从而丰富了学生的社会经验，使得学习

成果多元化。

20世纪50年代以来，随着社会的大发展大繁荣，各个专业的人才对推动社会经济的发展起到日益重要的作用，因此，高校成了为社会培养人才的地方。为了适应社会的需求，世界各国的高校积极调整教学目标和教学战略，就此注重培养实践型人才的项目教学法应运而生，并且得到了广大学校的认可和应用。项目教学法改变了传统教学中教师将现有的知识技能传递给学生的教学模式，将学习过程分解成详细的项目工程，在教师的指点下，学生全部地或学生分组完成独立的项目，学生要自己搜集和处理信息，设计项目方案，实施项目方案，然后教师指导学生完成项目，最后对此次项目的成果进行评价并且为下一个项目做准备。项目教学法改变了传统教学系统完整的特性，由学生在教师的指导下独立完成项目，着重培养学生的动手能力，要求以学生为主体，重点提高学生的实践能力和创新能力，最终实现学习成果与实践的完美结合，提高学生的社会经验，使学习成果多样化。

（二）环境艺术设计专业

环境艺术设计专业是近些年发展起来的，它将美术、景观、设计、心理以及建筑等学科结合起来，是一个综合性专业。一般来说，环境设计艺术专业的综合性比较强，具有一些其他专业所不具备的特点，如预见性、系统性、创造性。

环境艺术设计的专业的认知。环境艺术设计专业在我国是新生的专业类型，由于该专业在我国的发展时间较短，涉及领域又较广，因此对专业的教学目标和教学模式都处于探索之中。环境艺术设计专业作为一门综合性学科，除了具备所包含学科的特点外，还具备一些自身特点。

预见性：根据需要规划设计的环境的特点，选用合适的材料，设计相关方案，并且对设计方案的结构进行预测。

系统性：它是一个跨课程的综合学科，各个学科之间相互融合、渗透，这就需要设计人员要具备所设计领域的综合系统知识。

创造性：作为一门艺术设计类学科，创新是它存在和发展的根本动力。

二、环境艺术设计与项目教学法的特点

(一)环境艺术设计的特点

环境艺术设计从根本来说就是对环境艺术工程空间规划与艺术构想的综合,其中包括结构造型计划、环境设施计划、装饰空间计划以及审美功能计划等。虽然其属于艺术范畴,但是环境艺术设计具有以下一些特点。

(1)预见性。通过材料、工艺、现场等实际情况进行创造性的设计活动即环境艺术设计。在设计活动中,设计师需要对所设计方案完工之后效果进行预计,才能够有效把握整体设计方案实施过程。

(2)系统性。可以说环境艺术设计是一项系统性极强的设计过程,其将技术、功能以及艺术集于一体,涉及众多学科内容,并且要求这些学科能够融合、交叉以及相互渗透,因此设计人员需要具备多方面科学知识以及艺术修养,能够适应不同风格特色的设计项目。

(3)创造性。设计的灵魂所在就是创造,对人们的生活环境进行规划并且提出方案的一种思考性创造活动就是环境艺术设计。设计人员不仅仅需要对设计技艺以及方法熟练掌握,更需要掌握具有创造性的思维方法。

(4)适应性。环境艺术设计涉及范围远比其他艺术形式更加广泛,围绕着环境建筑,大可以到景观环境设计,小则可以到标志设计,均是环境艺术设计所面临的工作。这样一来就要求环境艺术设计人员知识结构更为专业扎实,具有更强的适应性。

(二)项目教学法的特点

(1)课程的知识结构需要针对项目完成目标。项目式教学的主要特点就是不同于传统学科式教学的系统与完整性,而是围绕项目进行,强调的是知识综合性,重点培养学生提高独立学习能力、动手能力、自主构建知识能力、创新能力以及实践能力。

(2)教学内容主要以典型项目任务为依据。项目教学法在围绕教学任务的同时,导入有关项目,利用组织好的教学内容以项目的方式进行整合,使得教学内容能够打破传统学科局限。学生能够对其所学专业的主

要工作内容进行系统全面了解，并且意识到其在项目实施过程中能够胜任该工作岗位，从而提升掌握专业技能的信心。

(3)教学以学生为主体。项目教学法是在完整教学思想的基础上，通过完成一个完整的项目，通过收集信息、制订计划、选择方案、实施目标、反馈信息、成果评价等步骤，让学生通过全权参与成为主体，有助于学生形成协作精神与责任感。

(4)学习成果多样化。在项目教学法中，不再具有唯一的答案或是统一的评判标准，每个学生根据不同的知识结构以及社会经验能够给予不同任务解决策略，因此学习成果以及成果评价多元化。通过多角度以及多手段对学生的学习成果评价能够更加公正客观。

三、项目教学法对环境艺术设计专业实践教学的积极意义

与其他专业相比，环境艺术设计专业课程的实践性内容明显多于理论知识内容，该专业的美术课程也不例外。教师在开展教学活动时，倘若仍旧采用固有的教学方法，那么学生所掌握的也只是教材中的理论知识，学生的实践能力难以得到进一步强化。项目教学法有效地解决了部分教师重理论而轻实践的问题，教师应用项目教学法，以项目为主线，让学生参与其中，学生在参与项目的过程中能够独立地完成相应的学习任务，这样不仅能提升学生的实践能力，还能大大提高课堂教学效率。除此以外，项目教学中有较大比重的实践教学内容，为学生提供了足够的实践练习，能够帮助学生牢固掌握教学内容，把知识应用到实际生活中，从而有效地提升学生独立设计的能力。

(一)提高教学效率

常规的教学方法通常以班级为单位，教师将自身的知识传授给学生。环境艺术设计专业注重培养学生的实践能力，教师应采用项目教学方法。项目教学法的主要特点是从实践的角度传授学生知识，项目的实施过程是由学生亲自完成的，教师只在旁指导，这样可以很好地培养学生的实践能力，提升教学效率，也有利于教师进行理论研究。

传统的教学模式是由教师以班级授课的形式将自己所掌握的知识并综合书本上的内容传授给学生，这种教学模式适用于文化理论知识的讲授，但是环境艺术设计专业是一门实践性很强的学科，要求培养具备动手能力的人才，因此传统教学不能满足这类学科对人才培养的要求。而项目教学法则从实践出发，由学生独立完成项目设计和实施，教师只负责指导学生，这样能够使学生具备更好的专业实践能力，提高教学的效果和效率，也给教师更多的时间从事理论研究。

(二)培养实用型人才

环境艺术设计专业教学的首要目的是培养更多的可以适应社会的人才，利用项目教学法可以很好地完成这个任务。学生在选择项目的时候需要收集信息，独自完成方案的设计并实施，这样有助于提升学生的实践能力，而实践能力是市场对环境艺术设计人才最大的要求。

项目教学法有利于培养符合市场需求的综合型人才。环境艺术设计专业的教学目标是培养符合市场需求的综合型人才，从这个角度来看，项目教学法对其目标的实现有很积极的作用。项目教学法中要求学生选择项目进行信息的采集，独立设计方案，亲自实施方案，并且检验自身工作成果，而实践能力是市场对环境艺术设计人才最大的要求。

第三节　项目教学法在环境艺术设计专业中的实践应用

一、项目教学法在环境艺术设计专业实践教学过程中的应用

(一)设计项目

项目教学法的第一步是设计项目。教师根据学生对专业知识的掌握程度把学生分成若干组，分别负责相应的项目模块。一般来说，项目模块所包含的内容应该是多样化的，包括地理、气候以及人文等方面的知识。

(二)教师进行必要的指导

作为项目教学法的第二个阶段,设计专业模块是非常重要的。项目的大部分应由学生完成,但为了使项目的执行过程更加合理,在项目开始时必须有教师的指导。教师要审查学生的工作,检查方案是否可行,对于不太恰当的地方,教师需要指出,指导学生改正。

(三)综合技能模块的设计

作为一个跨专业的学科,环境艺术设计专业对于学生的综合技能水平要求比较高。教师在教授理论的同时,应该传授学生有关就业方面的知识,从而逐渐培养出理论知识基础扎实、实践能力强的综合型人才。

(四)项目教学法的传授方法

第一,学生作为主体的实践式教学法。学生在选择具体项目时必须有教师的指导,根据项目主题制订合适的实施方案,并且独立完成项目。在项目结束之后,教师应该进行相应的指导,并给出评价,让学生明确执行过程中存在的不足之处,为下一步工作做准备。

第二,综合技能以及项目业主的介入式讲授法。项目教学法所采用的项目都应是切实存在的项目,教师、学校应努力寻找合作公司,选择合适的项目。确定项目之后,教师根据学生的专业技能水平合理分组,其具体要求应该由项目负责人确定,并由项目业主介入。

第三,遵循行业法规的操作性讲授方法。对于环境艺术设计专业而言,除了需要培养具有较强实践能力的学生,更应该注意引导学生学习行业法规,要求学生在工作时遵守行业法规,做到诚实守信、遵纪守法,这样才能使这个专业发扬光大。

(五)项目教学法在环境艺术设计专业实践教学中的应用阶段

1. 项目选择阶段

在实施项目教学法的过程中,教师要做到与时代接轨,要理性、系统地选择项目。首先,教师要搜集、整理实施项目教学法所需要的资料、信息,将相关资料、信息整合到项目案例库中,这样教师就可以在备课阶段节省大量的时间，为项目教学提供一定的资料支撑。其次，教师选择的教学项目要具有一定的代表性，教师要通过分析学生学习中遇到的问题，对项目进行完善，这样才能避免项目分析阶段出现资源浪费的现象。

2. 项目实施阶段

项目实施阶段是整个项目教学的核心环节。一般来说，教师会在正式授课前成立项目学习小组，并由各个小组成员推荐负责人，制订组内学习计划，落实责任分工并且明确到个人。在项目教学的案例讨论环节，教师可以采用小组协助学习法，由组长组织小组成员团结协助，共同完成任务。在遇到困难时，可先在组内进行讨论并加以解决，如果解决不了，再由教师指导。在项目实施环节中，教师要发挥自身的引导作用，及时、恰当地对各组的项目实施进行指导、点拨，和学生一起分析项目中存在的难点，对于一些共性问题，师生可以在课堂上进行讨论，确保学生在项目实施过程中学有所得。

3. 案例考核阶段

美术教学并不是简单地向学生传授美术理论知识，而是在传授学生理论知识的基础上，引导学生学会总结规律、发现问题、分析问题、解决问题，将学到的知识应用到实践中。在项目探讨结束后，教师需要对项目教学的情况进行总结，分析学生的项目分析能力、项目设计能力以及学生在探讨过程中存在的问题，提升学生的知识建构能力。教师还要对项目教学效果进行评定，针对需要完善的地方进行补充，整合学生反馈的信息，为以后的课堂教学提供参考。除此以外，为了进一步激发学生学习美术的兴趣，教师需要对学生的学习过程、学习效果进行科学的评价，让他们明确自己在案例中学到了哪些知识。

二、项目教学法在环境艺术设计专业课程中的教学设计实践

(一)整体设计思路

首先将课程内容分为若干项目，除导论部分内容外，在各项目中划分出若干典型任务，结合教材实例进行讲授、练习、点评，具体如下。

(1)通过案例介绍,导入各项目的教学目标、教学内容。

(2)通过教学实例,讲授项目的基本理论和方法。

(3)结合教材内容和视频,引导学生进一步练习,巩固本单元学习的内容。

(二)具体实施

1. 前课回顾

在讲授每个新的子项目之前,首先将之前学过的与该子项目相关的其他子项目做一个小结,因为多数子项目之间都有前后的关联,而某些子项目学过的时间较长,学生遗忘较多,记忆不够深刻,因此在授课之前先将涉及的课前知识做一个简单的回顾。

2. 项目任务

每个子项目都有自己的项目任务,项目任务一般尽量能够实例化,这样可以激发学生的兴趣,让他们觉得能够联系实际,学有所用。项目任务应能够将该子项目讲授的知识做一个简单的概括和导引,让学生通过任务就可以了解自己将要学到什么。

3. 任务分解

大多数项目的任务比较复杂,为了方便学生分步骤地学习和更好地掌握知识,需要对项目任务进行任务分解,各个分解后的任务一般都相互关联。

4. 理论知识讲授

介绍完项目任务和任务分解后要对该子项目涉及的理论知识进行介绍,因为本门课程是实践性较强的课程,因此理论讲授相对较少。

5. 项目实施

项目实施是整个子项目的重点环节,在这个环节中会按照项目任务的要求对各个分解后的任务进行具体的实施。首先会针对分解后的任务进行分析,列出需要的准备工作,让学生自行完成准备工作;然后一边演示具体的实施过程一边讲解,让学生边学边练,要求学生在课程结束前完成项目实施过程。

6. 项目考核

每个子项目的考核包含两个方面的内容：一是在项目实施环节中，学生应跟随教师完成整个子项目的实施过程，完成后向教师展示项目实施成果，并将该成果作为该子项目的一部分成绩；二是分组自行完成子项目下的其他任务，并且最终进行子项目验收。

三、项目教学中出现的问题和解决办法

（一）教材不能体现出工作导向

目前在环境艺术设计专业教材选用上还处在探索阶段。一方面，国外教材价格较国内教材贵得多，学生承担不起；另一方面，这些教材内容与学生项目实践不能完全一致，很多教材的内容还需要充实，编排也还需要完善。而以项目为主线的教材琳琅满目，水平则参差不齐，其中，项目大多都采用了“需求描述—任务分析—相关知识—实现思路和步骤—知识拓展”设计脉络。但纵观全篇，却很难体现出其在准职业岗位中的地位，学生能够在教师的指导下顺利地完成本项目，却仍不知道适合于何种职业群，也无从了解其在工作中何时何地可以运用和实现。

鉴于目前教材使用存在的这些问题，激励和促进项目教学法教材的编写是项目教学模式定位的关键因素。从长远来看，要真正提高项目教学法的效果，还是要编写适合学生实际情况的项目教学法教材。只有这样，才能开阔学生的视野，使学生达到理论知识功底扎实稳定的水平，并且能把理论知识灵活运用到实践中，在实际工作中有善于发现问题及解决问题的能力。

（二）师生角色问题

师生角色问题主要在于，师生角色转换不到位，学生在项目教学过程中处于被动地位，学习主动性不够，教师在项目教学实施过程中依然占据了过大的比例。主要是因为学生在做项目前并不了解具体的流程，没有做好相应的资料收集，在实施过程中不能带着问题去主动研究。

项目教学法的初衷是让学生在独立完成项目的过程中学习知识，发现问

题，解决问题，提高技能，实践经验也应该是学生自己摸索总结出来的，而不是教师灌输的。因此，项目教学法的讲解应该侧重于对重点教学内容的讲解，其过程应该精练，最好是通过简单的例子并用实操的方法进行，这样学生才更容易理解、接受，为学生独立完成项目打下了良好的基础。

（三）教学评价问题

在传统考核方法中主要是通过闭卷考试的形式开展，这种考核方法只能对学生的笔试能力进行考查，并不符合环境艺术设计专业课程考核的要求。因此，应用型本科专业就必须对考核方法进行创新，可以采用平时成绩、实践成绩和结课成绩三合一的考核方式：①平时成绩占20%，包含到课率、课堂表现、课堂笔记、课堂讨论。②实践成绩占30%，包括调研报告、资料收集、课堂作业、课后作业。③课程结课成绩占50%，结课上机测验、结课作业。

通过教学实践证明，项目教学是通过实施一个完整的项目而进行的教学活动，目的是在课堂教学中把理论与实践教学有机地结合起来，充分发掘学生的创造潜能，提高学生解决实际问题的能力。在项目教学法的具体实践中，教师的作用不再是一部百科全书或一个供学生利用的资料库，而是成了一名向导和顾问。他帮助学生在独立研究的道路上迅速前进，引导学生在实践中发现新知识，掌握新内容。学生作为学习的主体，通过独立完成项目把理论与实践有机地结合起来，不仅提高了理论水平和实操技能，而且又在教师有目的地引导下，培养了合作、解决问题等综合能力。

第四节　提高环境设计项目化教学模式的具体方法

一、实施项目驱动教学模式

项目化课程教学模式就是将教学内容的实践部分采用公司实际案例，结合与本门课程相关的施工工艺知识和专业理论知识的一体化教学。

实现这一模式的前提是教师能够从甲方接下整套方案设计及施工订单，并承担与公司的沟通，协调项目的操作程序，这就对教师的专业市场实践能力提出了较高的要求。在对项目引进课程的方案设计进行中，教师要对学生的设计进行引导、指正，重点是培养学生创造性的思维和分析、解决问题的能力，施工现场要按照施工进度带学生跟进本套方案，让学生设身处地地了解施工材料、工艺及流程，市场材料的选购和施工监理都能够让学生亲力亲为，和市场接轨。

采用项目化教学模式设计教学的优势在于可以使具备社会实际经验和理论教学经验的教师固定上一至两门核心课程，从而有更多的时间和精力对教学内容进行细化，不会像过去因教学需要每学期都要准备新课，去熟悉各类工装、家装或是景观设计中不同的施工工艺流程，收集各类课程资料而花费精力。这样一来，学生可以在不同的项目教学课题中，和多个专业教师学到更多的知识，解决了在课堂上接触不到实际案例的问题，学到了在课堂里学不到的实践知识。

二、以校企合作为中心，探索新的项目化教学模式

新的项目化教学模式要与“产学研”结合，以满足社会需求为培养目标，以企业实践为经验积累，师生共同参与实践、教学和研究。学生参与实际工程项目，在反复实践中分析施工中遇到的问题，提高了学生处理问题的能力，培养了学生的创新、实践能力。

学生到企业去实习、与社会接轨的过程中，对于学生素质也有较高的要求。学生不仅要在企业学习施工方案设计思路、制图流程和施工工艺，更重要的是要以谦虚好学的态度踏实地在企业里从基础学起，戒骄戒躁、勤学苦练，在实践中积累经验，磨炼自己的意志，把在校内的课堂理论知识通过实践合理地应用到设计方案中去。

“环境设计工作室”的出现，正是迎合了现今学校教学中所提出的项目化教学模式。为了学生有更多的机会参与社会实践，学校可以与某个公司联合，引进公司的实际项目，借用企业设计人员经验多的优势，结合学生和教师的科研力量，为科研课题做准备，为在校学生提供一个难得的理论和实践相结合的实训场所。在参与工作室的实践活动中，让学生有

“走出去”的想法，与同专业的院校取得横向联系。环艺专业也应该与众多企业建立相互的长期联系，目的是让学生多了解行业的前沿动向，并鼓励、指导学生参加与本专业相关的行业赛事，参赛的作品以实际参与的项目为基础，再将社会实践案例引进课堂教学之中。另外，还可定期组织学生参观企业，了解企业所承接的项目内容、施工流程及发展动向。实行产、学、研相结合的“环境设计工作室”校企合作模式，能为社会培养出具有较强沟通能力、设计能力和实践能力的应用型人才，是行之有效的提高学生就业率的方法之一。

三、“订单班”实践教学模式

“订单班”是一个完全对外的社会实践平台。学校通过引入知名企业，冠名到教学班，建立“订单班”，开展专业实践教学，教学内容完全根据企业自身的需要去制定，从而培养学生的实践能力，激发学生的创新意识。通过企业自己的理论教学和学生参加企业所承接的实际项目，锻炼学生的市场能力，最终目的是提高学生的实践能力。通过与企业合作建立企业冠名“订单班”，开发适合于企业设计运作流程的项目化课程，培养学生创造性思维和提高实践操作能力，从而实现学校教学与社会市场需求的无缝接轨。

通过依托企业冠名“订单班”这个平台，企业按自身所需制定的教学计划及人才培养方案，从而使学校了解社会对室内设计专业人才的需求，解决了学校教学与社会需求不适应的部分。学校为“订单班”提供教学设备及学生，企业则对环境设计专业定位人才培养目标及课程设置进行调整及完善，企业根据市场对专业岗位的需求，对整个“订单班”的课程设置进行整合，使之更加行之有效。合理增加实践教学比例，注重设计软件操作课程，使整个课程体系更针对企业对用人要求，能为社会及用人单位培养出具有创新能力、实践能力、应变能力的艺术设计人才。

知名企业冠名“订单班”形式的出现，首先解决了学生的实践问题，能够使师生共同完成实际设计项目，从而活跃了课堂教学气氛。学校了解企业的用人需求，与企业共同制定行之有效的实践教学模式，加强了企业和学校的知名度，使课堂教学富有活力。学生走向社会具有较强的实践能力及对实际工作的适应力，毕业后能尽快适应工作岗位，提高就业率。

四、基于工作室的项目化教学模式

基于工作室的项目化教学模式在实践上遵循“知识与技术并重、理论与实践并重”的教学理念，强调“学生主体、教师主导”，在实施中充分强调真实工作环境的设计，发挥学生的主体作用。通过引进工作室，深化校企合作，同时也为高职院校的教师提供了良好的教学平台和学生提供了良好的学习平台，促进校内教师专业化发展以及提升人才培养质量。同时，工作室的引进，也解决了当前项目教学中企业真实环境难以模拟的难题，小班授课的方式，也有利于项目的开展。其具体优势主要体现在以下方面：

(一)激发校企合作动力，有利于引进先进教学资源

国务院《关于加快发展现代职业教育的决定》(国发〔2014〕19号)提出：“推动职业院校与行业企业共建技术工艺和产品开发中心、实验实训平台、技能大师工作室等，成为国家技术技能积累与创新的重要载体。”高职院校在这一政策背景的推动下，联合企业共建工作室，或在政府的推动下引进大师工作室或者名师工作室，搭建校企合作协同育人平台。一方面，企业深入学校参与教育教学工作，为学校提供了先进的设备、技术以及项目来源，并能参与到项目教学的指导中；另一方面，校企共建工作室，学校为企业提供了固定的场地以及资金来源。教师参与工作室教学为企业提供一定的科研或技术服务，且工作室培养出来的学生能直接为企业所用，为企业良性运营发展提供了有利条件。

(二)教师发展贴近企业需求，有利于提升教师专业发展

工作室采用个人负责制和项目负责制。工作室的功能定位即目标，明确了教师的发展方向，综合性的实践活动激发了工作室教师个性发展的动力。基于工作室的项目化教学模式，促使教师主动深入行业企业，主

动适应社会市场发展需求，架起了学校与社会、教学与生产、教师与企业专家沟通的桥梁，使教师的专业发展方式更为开放，有助于教师了解企业最新动态，掌握社会对用人单位的岗位需求，有助于教师实践操作能力和专业技能的提升。此外，工作室也成为高职院校“双师型”师资培养的新平台。工作室的生产性实训、项目研发、技术改造和社会实践等活动为团队成员之间的共同合作提供了平台，使专任教师与企业专家、技术大师等形成学习共同体，并逐渐成为具有创新精神、自主探索的“双师型”教学团队，有利于解决当前兼职教师数量不足、教学能力薄弱的问题。

(三)教学环境职场性，有利于真实教学情境构建

工作室不同于教研室、实训室，也不同于传统的课堂。工作室具有近似于企业职场的真实环境，其在运行过程中往往是以模拟企业或真实企业运作为基础，学生在工作室学习的过程就是以行动为导向的实际工作过程。工作室具有真实工作性质的特点，使得学生在工作室学习就像在企业工作一样。同时，教师在教学设计时，需要充分利用工作室物质环境资源以及隐性教学资源构建教学情境，这有利于解决当前项目教学开展中真实教学情境难以模拟的难题。

(四)工作室的开放性与生产性，有利于学生就业

一方面，工作室具有开放性的特点。作为连接企业和学校的桥梁，工作室的引入，为入驻工作室学习的学生提供了一个对外的窗口。使高职院校学生直接进入企业生产技术研发平台，学生不仅可以在教师的指导下学到项目设计以及项目开发的流程，提升专业技能，而且更加有机会接触到本专业方向最新的技术攻关的课题，更加明确将来的学习方向和技术方向，这为他们未来在就业中指明了一定的方向。同时，扎实的专业理论知识以及较强的专业实践能力也有利于将来的择业。另一方面，工作室具有生产性的特点。以校企合作为依托，以横向课题、纵向课题等方式完成企业产品试制、研发等任务，这就意味着学生进入工作室是要完成一定项目，最后开发出企业所需要的产品。作为以真实企业运行为背景的工作室而言，学生以准就业的形式在工作室中完成工作。学生的身份发

生了变化，不再是单一的学生身份，而是具有学生与企业人员的双重身份。学生直接将已有的专业理论知识与实践相结合，将自己的优势发挥出来。这种准就业的培养形式，有利于学生较早地适应职业环境，有效地缩短了学生对岗位的适应期。

（五）工作室教学组织形式的灵活性，有利于项目顺利开展

工作室教学一般采用小班授课的教学组织形式，每个工作室的人数一般不超过 15 人。工作室教学组织形式的选择，一方面需要根据项目大小来进行选择，根据项目的需要，工作室人数可以增加到 20 人左右，也可以减少到 6～8 人。另一方面，需要根据学生的实践能力进行合理安排，这就充分表明，工作室的教学组织形式有着比较灵活的特点。项目教学组织形式的灵活性，打破了传统班级授课制学生人数固定的特点。一方面学生可以根据需要选择入驻工作室，以形成相对固定的工作室班级，学生的来源也就从单一性转变为多样性，便于不同专业、不同年级学生之间的相互交流，有利于教师根据学生的特点进行有效的项目分工，灵活运用多种教学方法，确保项目的顺利开展；另一方面教师在教学中采用企业的管理理念：以高年级学生带低年级学生，以有经验的学生辅导没有经验的学生，这样既便于教师的教学管理，也有利于项目的顺利开展。

第七章

现行高校环境设计专业人才培养

第一节　现行高校人才培养的主要模式

一、"党管人才"与市场导向结合的人才培养机制

人才的基础环节在于人才培养，承担"人才培养、知识创造、文化传承和服务社会"职能的地方高校，在新形势下肩负着重要的使命。2003年12月，全国人才工作会议就提出要坚持"党管人才"原则。我国高等教育现阶段实行党委领导下的校长负责制，这是坚持党对高校领导的根本要求，也是推动和保证高等教育事业健康发展的客观需要，是我国高等教育事业社会主义性质的本质要求，也是高等教育事业发展基本经验的总结，此种结构体系在一定程度上亦是"党管人才"的思想反映。《中共中央国务院关于进一步加强人才工作的决定》明确指出，党管人才主要是管宏观、管政策、管协调、管服务。各级党委（党组）按照管好管活的要求，重点抓好五个方面的工作，即搞好统筹规划、坚持分类指导、注重整合力量、积极提供服务、实行依法管理。也就是说，"党管人才"在一定程度上要求党和政府对高等教育实施计划、组织、协调、控制的管理过程，制定一系列政策、法律制度和行政法规，采取一些必要的措施促使高校人才培养新格局形成，为高校人才培养创新提供条件，对高校人才培养过程加以协调，使高校人才培养适应产业结构调整及转型需要，为地方经济振兴提供知识、技术和智力支撑。

在社会主义市场经济条件下，高校人才培养应以市场需要及社会对人才的需求为导向，从价值规律的角度出发，推动教育创新，优化教育结

构，改革培养模式，提高教育质量，培养“有用的且用得上的”的社会需求人才，使人才培养符合供求关系，实现人才资源的合理配置。

地方高校要服务于振兴，亦要在服务振兴中发展。地方高校在“党管人才”即党和政府宏观调控之下，以市场为导向，适应地方经济社会需要，以战略性眼光，高瞻远瞩，依据条件的变化和改革进程的推进情况，对人才培养机制做相应调整。“党管人才”与市场导向二者的辩证关系是，在构建服务地方经济社会发展的高校人才培养机制前提下，市场导向是基础，“党管人才”是保证，“党管人才”在协调与服务中优化市场导向，这是地方高校发展的新高度。以高校的职能来看，教育存在的根基，即面向经济社会发展需求，与时俱进，服务于社会。社会需求决定了市场导向的基础作用，它对构建地方高校人才培养机制，具有先导性的推动功能。其要点如下。

第一，“就业率”是检验高校生产效益最重要的标准之一。高校应注重找准人才培养与人才需求的契合点，以就业为导向来调整学科结构、专业设置、人才培养方向、人才培养模式等，把握市场先机，优化人才培养结构，结合学校本身的办学定位和发展战略，努力提高就业率。地方高校应该转变办学指导思想，应根据不同类别、不同层次人才的特点，确立不同的培养目标和重点取向，培养多层次人才及社会需要的复合式人才。

第二，“党管人才”保证高校人才培养的大方向，防旱防涝，使其终归于一，汇入大海，以服务地方经济社会发展、服务国家大局为最终目的。“党管人才”在市场导向的基础上，尊重市场导向并诊治市场导向引发的“并发症”，系统调整和培养服务地方的人才，在构建服务地方的先导性高校人才培养机制过程中，发挥调控功能。

一是党和政府宏观调控人才培养机制，健全教育政策及教育发展规划，降低市场导向带来的人才培养无计划性，把握人才培养方向。除现有“教育为老工业基地服务行动计划”“紧缺人才培养培训工程”和“高校科技创新服务振兴工程”等超前性短期、中长期发展规划外，制定相关的教育法治体系，消灭高校人才培养的隐患因素，促进人才培养规划有理有序开展，保障人才培养总体目标实现，营造高校人才培养的良好政策、法律环境。

二是党和政府宏观调控高校的结构调整和专业建设，帮助高校肩负起为经济转型培养相应人才的职能，适应地方经济体制转轨、结构调整、产业升级对人才培养的要求。

三是党和政府完善对高校的服务功能，统一领导，整合各界力量，为高校改革建设提供资金及能源支持。此外，党和政府要发挥舆论导向功能，鼓励广大高校学生掌握实用技术知识，营造地方经济振兴和高校人才培养的舆论环境和社会环境。

四是党和政府从宏观角度创新高校人才培养机制。从高等教育发展的长远目光看，政府应尽力避免新形势下市场导向带来的高校人才培养职能混乱的局面，弱化重点院校培养实用性、职业型技术人才的职能，使重点院校专于培养创新拔尖人才；强化专科院校承担培养技能型人才特别是高级技能人才的职业教育使命。

二、基于就业力提升的人才培养模式

目前对于就业力概念尚未达成共识，国际劳工组织（ILO）指出，就业力是个体获得和保持工作，在工作中进步以及应对工作生活中出现的变化的能力。英国教育与就业委员会（DFEE）提出，就业力是获得和保持工作的能力，是在劳动力市场内通过充分的就业机会实现潜能就业的自信。《维基百科全书》将就业力定义为获得初次就业、保持就业以及在必要时获得新就业的能力。国内许多专家、学者对就业力做了研究，认为就业力不仅包括保持和更换工作的能力，还包含个体在职业生涯中永续实现自我的能力。综合国内外的观点，就业力即就业竞争力，是个体在就业过程中所表现出来的综合素质和实力，既包括就业所需的知识、技能等硬实力，也包含性格气质，沟通协调、团队协作及就业技巧等软实力，更重要的还包括个体独具的就业核心竞争力。大学生就业力主体对象是高校毕业生，大学生就业力即为高校毕业生就业竞争力，是高校毕业生就业过程中所表现出来的综合素质和实力。如图 7—1 所示。

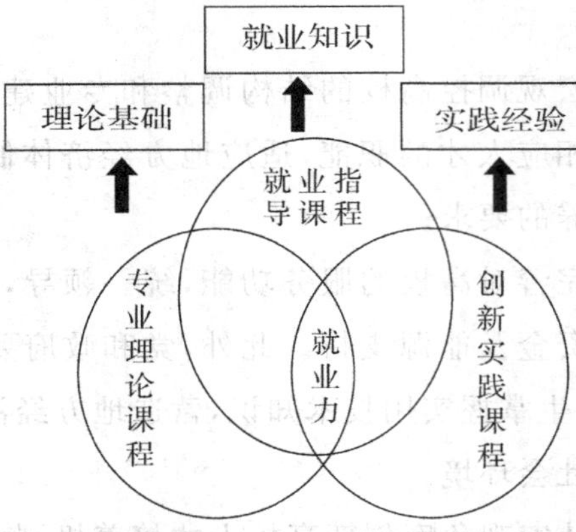

图 7－1 就业力模型

以提升就业力为导向的高校人才培养模式，是从教育教学内容和方式方法两个方面入手，即对课程体系设置和教育教学方式两个方面进行改革，通过课程嵌入就业力的培养及教学过程的优化来构建的。

（一）“三位一体”的就业力嵌入式课程体系

学科专业是高校与社会联系的纽带，课程设置则是学科专业的集中反映与体现，也是实现教育教学目标的重要途径。高校要培养适应社会需求的人才，就必须在优化专业结构的基础上进行课程改革，在课程改革中更加注重学生综合能力的培养，构建以市场需求为导向，以有利于大学生就业力提升为目标的综合课程平台体系，即“三位一体”的就业力嵌入式课程体系。所谓“三位一体”的就业力嵌入式课程体系是集专业理论、创新实践及就业指导三位为一体的课程体系，在课程中不仅注重专业理论知识的学习和积累，更加重视创新实践环节，重视学生的职业生涯规划、就业知识的传授和技能的培养，并将就业力的提升全程渗透，贯穿始终。如图 7－2 所示。

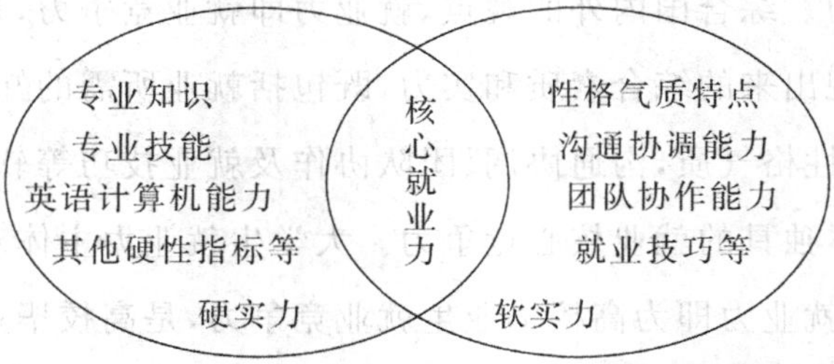

图 7－2 “三位一体”的就业力嵌入式课程体系

（二）基于就业力提升优化教育教学方式

探索新的教育教学的方式方法，应该以企业和社会需求为导向，以培养学生创新精神和提升学生的创造能力为主线，围绕人才培养目标，运用学生自主学习、合作学习与探究学习等方式，充分整合校内外各种资源，搭建学生各种创新实践平台，全面提升毕业生就业能力。主要包括：各种专业技能竞赛、形式多样的学术活动、职业资格培训、工作室模式、科技创新团队、顶岗实习以及卓越工程师计划等。

三、校企合作人才培养模式

随着高校毕业生逐年增多，失业人数越来越多，给高校、大学生、家长、社会带来了莫大的压力。一职难求，零薪资就业已是摆在广大高校毕业生面前的残酷事实，高校人才培养与企业人才需求间的矛盾突出。一方面，每年约有30%的学生不能顺利就业，就业在量上遇到了问题；另一方面，大部分学生学非所用，所找的工作与自己所学专业不对口，现实与理想不统一，就业在质上遇到了问题。而人才需求市场却有大量企业面临用工荒、技工荒。中国人事科学研究院《中国人才发展报告2009》显示，从总体上看，我国劳动力总量较足且有富余。但是，各行各业所需求的专业技术人才缺口非常大。例如，农业技术人才缺280万，工业技术人才缺1220万，服务业技术人才缺325万。那么，高校人才培养与企业人才需求间的统一的对接点应该是：高校培养出来的人才能满足企业的需求。基于此，校企合作将实现互惠互利，不仅有利于高校有针对性地培养人才，促进高校自身发展，也有利于通过高校的技术指导，推动企业的良性循环和可持续发展。

（一）校企合作人才培养主要模式

按照经济社会发展和用人单位的需求，培养实践性、操作性、应用性强的高技能人才，实现学校和企业之间零距离对接，是地方高校的核心优势。实行灵活多样的学习方式，突破传统大学全日制的学习方式，将全日制与部分时间制结合，并逐步将工学交替、双元制、学徒制、半工半读、远程教育等纳入进来，为学生提供更多方便的、灵活多样的学习途径。特别是具有中国传统教学优势的学徒制，可通过与企业联合招生培养的方式，进一步发扬光大。

1. 校企合作办班模式

校企合作办班模式主要内容是，学校根据企业对人才的具体需求，专门开设一个或若干个班级，有针对性地制订人才培养方案和教学计划；企业直接为学生提供实习和实训基地，并进行岗位轮训，提升学生的实践操作能力。校企合作班培养出来的人才能被合作企业广泛吸纳，人才输出通道顺畅。同时，直接与企业打交道，有利于高校“双师型”教师理论教学与实践教学能力的培养，有利于产、学、研相结合。

与企业合作办班，设立大学生实习项目，定向为企业培养人才。企业与高校都要从人力、物力、财力方面给予一定的投入，为合作班的大学生设立一些实习项目。学生进入大学以后，首先接受两年的基本教育，第三年学生可以根据自身需求加入合作班。合作班根据企业特点和需求，通过针对性的课程设置和培养工作，将学生培养成为适应企业特点的人才，同时缩短毕业生到企业以后的适应期。

这种模式的优势很明显，一是合作方式较为灵活；二是班级人数较少，便于学校组织教学与实践活动，也便于企业消化人才。因此，这种人才培养模式被许多中高职院校和企业共同采用，办班的形式也不断更新，出现了定向录用班、定向委培班、企业订单班及“企业冠名班”等形式。但是合作办班模式也有局限性，如人才培养面向单一的企业，或多或少会造成学生系统专业理论知识的缺失，此外校企双方追求利益的角度不一致也易出现人才培养断层现象，给学校和企业造成一定的师资和设备资源的浪费。

2. 校企合作办专业模式

校企间深层次的合作办学模式，主要有如下几种形式。

(1)工学结合

实行工学结合的培养方式。采用“2＋1”或“3＋1”的人才培养方式，即把工程和学程结合起来的人才培养模式。根据真实生产、服务的技术和流程来建设教学课程环境，按照产业实际应用的设备、工艺来建设实训基地，根据产业和企业发展的实际问题设定教学和研究课题。高校负责2年或3年的人才培养任务，教学主要以理论课为主，辅之以实验、实训等实践性教育教学环节，学生在这2～3年内要完成基本理论课的学习，修满学分。企业负责1年的人才培养任务，学生最后一年的学习由学校理论学习阶段过渡到企业实践培训阶段，在这一年内要完成实习实训报告、毕业设计等任务，这就是所谓的“2＋1”或“3＋1”。这种模式最大优势是实现了校企之间的无缝对接。这种模式要求校企之间必须紧密联系，否则易出现“两张皮”现象，使得校企之间的合作最终流于形式。

(2)工学交替模式

工学交替模式是一种在校学习和在企工作交替进行的人才培养模式，采取分段式教育教学完成人才培养任务，校企之间共同制订某一专业人才培养方案、教学计划和生产实习计划，学生通过企业提供的相应工作岗位，边学习边工作，实现学习和工作两不误、两相帮。该模式最大的优势在于学生能将在校所学的专业技术理论与企业生产活动有机结合起来，培养学生运用专业知识解决实际问题的能力。企业合作方为高校学生提供校外实习实训基地，使高校培养出来的人才规格更加符合企业之需。高校合作方为企业降低员工前期培训的成本，并为企业提供高技能、高素质的熟练工，从而增强企业的市场竞争能力，实现高校和企业的“相互反哺”。但是，这种人才培养模式过程比较繁琐，高校、企业和学生之间的责任容易发生冲突。

3.“订单式”人才培养模式

“订单式”人才培养模式是一种学校和企业“签订契约、订购用人”的人才培养方式。合作企业向学校“下单”，订购一定数量的毕业生；学校根据企业的“订单”招收学生；学校和企业双方共同签订用人协议、共同制订人才培养方案、共同利用双方资源，实现校企合作共赢；合作企业参与人才质量评估，并按照协议约定，落实学生就业。这种人才培养方式最大的优势在于实现了“高校人才输出”与“企业人才引进”的无缝对接，学校培养的“产品”适销对路，实现了招生与就业的统一。但是，这种人才培养方式要求校企双方做到，企业对人才有批量需求、学校能培养企业需要的特殊人才，企业能在未来三五年甚至更长时间稳定发展，其培养方式将在“学校教育质量、企业经营风险”和学生就业双向选择上开展并承担风险。

4. 校办企、企办校模式

我国在20世纪50年代就有了“学校办企业，企业办学校”的人才培养模式，经过几十年的发展变迁，现已演化为教学管理和企业运营合一、职业教育和企业生产合一的模式，主要有如下几种。

（1）校中厂、校外厂模式。学校根据自己的实力办自己的企业，校办企业所需要的人才全部由学校提供，学校整合资金、场地、设备、师资、技术、人才等要素，进行企业化教学、科研和生产活动，实现教学、生产功能一体化。如清华大学、北京大学等高校在中关村开办的高科技产业公司，就属于校办企业，实现了人才招生、培养与使用的一致性。

（2）厂中校、厂外校模式。企业根据自己的经济实力投资创办学校，圈地建设办公楼、教学楼、实验室、学生宿舍并配备生活设施等，引进师资，开办自己的学校，培养人才。例如，福建省内的私营学校——软件学院，就属于企业办校。

（3）大学生创业基地和产业孵化园模式。高校根据政府提供的政策，从实际出发合理开办大学生创业基地或产业孵化园。在校学生可以从自己所学知识和市场需求出发，制订创业计划，充分利用各种有利因素，积极开展创业活动。高校通过组建专家评估鉴定小组，遴选优秀的企业计划方案，支持大学生创业实践，并为其提供政策、技术等方面的咨询服务和指导。高校还可以聘请一些创业成功的校友来学校做专题讲座，让在校创业的学生做好各方面准备，降低风险，实现更高层次的就业、创业，这是一种创新型人才的培养模式。

5. 建立实习基地模式

建立校企合作伙伴关系。制定校企合作规划并建立合作培养机制，探索学校和企业互建实训基地的模式，尝试引校进厂、引厂进校、前店后校等校企一体化的合作形式，使学生在企业一线经验丰富的技术人员指导下，参与生产或技术项目，培养学生的实践能力。同时，在真实的生产环境中，培养学生软技能和认真负责的工作态度，实现学校人才培养融入企业生产服务流程和价值创造过程。

加强与企业合作。学校积极与企业签订协议，建立“大学生实习基地”，让企业参与到学生实践经验的培训中来，利用寒暑假把学生送到企业去实习，让学生熟悉企业的运作过程，增加学生的工作经验。组织教师到企业参加相关项目合作，帮助教师了解企业的管理、生产情况和需要的工艺技术。直接从企业引进专家任教或任客座教授，做本科生或硕士生的导师，做好教师和企业高级人员的双向兼职、双向流动工作。

6.现代学徒制人才培养模式

地方高校人才培养机制改革，要注重实践课程和实习环节。课程设置上，以培养学生运用理论知识解决实际问题能力为目标，大幅度提高实践性课程和案例课程的比重。在四年制的培养方案中，可设置至少两个“实习学期”作为所有学生的必修环节。现代学徒制人才培养模式突破了原有的思想观念，强调职业教育和职业培训不应该再是职前和职后两种类别，而应该是融合在一起并同时进行的一种创新模式。

企业人才需求绝对匮乏与高校人才培养相对过剩，是一对现实的矛盾。要解决这个矛盾，校企合作培养人才是必然要求。为了进一步加强人才培养成效，实现学校与企业的双赢，校企合作人才培养模式要实现“六个合一”，即学生与学徒合一、教师与师傅合一、教室与车间合一、作品与产品合一、理论与实践合一、育人与创收合一，使高校和企业之间真正实现技术、设备、场地、资源、信息和人才的无缝对接。

(二)校企合作人才培养过程中需要解决的问题

校企合作共同培养和使用人才，是解决目前高校人才培养“相对过剩”和企业人才需求“绝对匮乏”之间矛盾的必由之路。高校通过与企业的合作，充分利用企业资源，完成培养目标，实现人才培养适销对路；而企业通过与高校开展合作，获取自己所需要的人才，更好地实现企业既定的发展目标。为了实现校企合作人才培养的良性发展，必须解决合作过程中一些问题。

1.合作的层次问题

目前，许多高校与企业之间有合作培养与使用人才的愿望与热情，但缺乏深入的合作，往往停留在“文本合作”的初级阶段，合作推动工作存在着许多困难，导致合作停滞不前、流于形式和表面化。其实，高校与企业应根据自身的具体情况，开展不同层次的合作，既可以开展企业为高校提供大学生实习实训机会和社会实践基地的浅层次合作；又可以开展学校为企业提供咨询、培训等服务，企业向学校投入产学研资金的中层次合作；还可以开展校企相互渗透、利益共享、“教学—科研—生产”三位一体的深层次合作。

2.合作双方的地位问题

当前，在校企合作过程中，往往容易出现学校一头热的现象，而企业缺乏积极性，处在观望状态。校企合作双方地位模糊，容易导致权责不一致。学校是理论教学基地，企业是实践培训场所，学校和企业是合作的两个基本要素，两者既有宏观上的分工又有微观上的融合，其有机结合是实现既定目标的有效途径和有力保障，是培养理论和实践紧密结合的复合型人才的一种教育模式，强调的是两个主体在培养技能型和实用型人才方面的共同责任和共同作用。合作的双方是平等的，但双方的地位可依合作模式不同而有主次之别。

3.合作双方的付出与回报问题

企业与学校共同培养技能型人才是一件对双方都有利的事情，学校与企业都已充分认识到校企合作办学的必要性，但都或多或少地顾虑付出与回报不对称问题。有的企业认为，这种合作费时、费力、费钱，“造船不如买船”，不如直接通过招聘获得所需人才省事；有的企业认为，合作周期长，不能满足企业当前的人才短缺问题，“远水解不了近渴”；有的企业担心合作成果最终不能为企业所用，担心留不住合作培养的人才。高校则担心合作培养的人才大部分不能被企业吸纳，担心新型的培养模式造成大学生就业难问题；部分教师认为合作模式必然或多或少要调整自己的学科专业结构，要花费很多时间重新学习新知识，他们担心原有的传统学科专业结构被荒废而新形成的学科专业结构又用不上，将得不偿失。其实，选择了合作，校企之间就必须真诚相待，勇于担当，共同付出、共担风险、同享收益。

4.合作的长效机制问题

校企合作人才培养模式能否实现良性、可持续发展，关键在于合作机制是否具有长效性。近几年来，校企合作在机制上存在着瓶颈，很难深入推进。目前，校企合作普遍处在自发、浅层、松散的合作状态，实际上是一种"有合无作"的局面。问题主要出在：学校有热情，却能力不足；企业有需求，却主动不足；政府有认识，却政策不足。为此，高校应主动深入企业宣传学校，了解企业，以企业需求为中心，主动调整人才培养方案、课程设置和教学计划，为校企合作奠定办学的软件基础。企业也应主动深入高校，宣传企业需求的人才条件，共同研究制订人才培养方案，了解高校人才培养的全过程，了解办学过程中的困难和问题，认真考量校企合作双赢问题，加强互信，主动帮助学校解决办学中的困难和问题，加大对高校的资金投入力度，为校企合作奠定硬件基础。政府更应主动深入高校和企业，牵线搭桥，出台可操作性强的支持校企合作办学的合理政策，积极为地方经济社会发展做贡献。

四、适应社会需求的创新型人才培养机制

高等教育是随着社会发展而发展的。现代科学技术在社会生活中的应用导致社会各行各业的分工不断强化，从业人员的岗位日益专业化，职业的专业化反过来要求高等教育培养专门化的人才。在计划经济时代，我国高等教育受计划管理体制的影响，人才培养接受指令性计划，曾在特定的社会环境中起到了积极的作用；在市场经济时代，高等教育的人才培养是以市场需求为主导，以满足社会需要为核心的。环境的变化对高等

教育人才培养机制提出了新的挑战,同时也带来了机遇,这就要求高等教育主动适应外界环境变化。尽管整个高等教育体系是多层次、各具特色的发展结构,但是关注社会发展对人才的需求是一个共性问题,正如牛津大学校长卢卡斯说,事实上,大学一直是服务于社会的,不断调整自身从而回应社会不断变化的需求。

面对日趋激烈的市场竞争,社会对人才的需求呈现出明显的特点。一是人才需求以应用型为主。市场竞争对人才的要求是千差万别的,但大致上可分为两大类:一类是发现和研究客观规律的研究型人才,另一类是将客观规律的原理应用于实践并带来利益的应用型人才。面对日趋激烈的市场竞争,社会分工日益细化,社会对人才的需求呈金字塔型。塔尖是少量的研究型人才,社会发展与进步需要这些人去探索和发现客观规律;塔基是大量的从事与实际问题相关的应用型人才,参与分工合作和市场竞争的企业,需要越来越多的熟练劳动者、经营管理者、工程技术人员等应用型人才。我们实地调查的结果表明:一是需要应用型人才的企业占 76.2%,需要应用型人才又需要创新型开拓人才的企业占 9.8%;二是复合型人才备受青睐。后 WTO 时代人才培养趋向于国际化,新技术大量采用,新行业不断涌现,社会结构发生着重大变动,这使人才的流动性和竞争性加剧。仅有一技之长而无多种才能的人是难以适应社会需要的。面对日趋激烈的市场竞争,企业更注重人才的通用性和综合性,懂技术、懂管理、熟悉国际游戏规则的人才最为短缺。构建这样的人才培养模式主要思路有以下几点。

第一,从低年级开始引导学生做好职业规划。学生进入大学后,学校要积极帮助学生进行自我评价、确定职业目标,可以通过第一课堂与第二课堂的有效结合制定相应措施来实施计划,要考虑从入学到毕业这个过程中该如何塑造学生的特性,培养可能从事职业的相关素质,从而加强其适应社会的能力。例如入学第一学年,可以通过入学教育、成功校友的讲座、“大学生职业生涯规划”培训等,帮助学生了解专业性质、专业能力要求、专业学习的价值和专业前景等,广泛了解各种职业,帮助学生对未来职业进行规划。第二学年，可以就某一职业进行寒、暑期实习，组织学生参加一些与专业相关的科研训练、科技类比赛竞赛。第三学年，引导学生根据自己实习的体会，确定职业方向，通过开展职业测评、组织职业咨询、开设课程和社会实践等方式，帮助学生认识自我、认识职业，提升能力并进行初步的职业生涯规划。第四学年，引导学生增加与职业方向相关的知识积累，培养学生的职业道德素养和社交等方面的能力，为步入社会打下坚实的基础。

第二，提供更多的学习资源，制订灵活的考核方式，以满足不同类型学生发展的需求。学校要相应地提供更多的学习资源，增加选修课程的数量，以满足不同类型学生发展的需求。在课程设置方面，可以考虑多种内容和形式，甚至是一次暑期实习或社会实践，都可以作为一门选修课程。在考核方式上，也可根据课程特点采取不同的考核方式，即便是同一门课程，不同的学生也可采取不同的考核方式。例如，一般的学生可以采用常规考核方式；对于求知欲强、喜欢钻研的学生可以给其列出几个问题，让他去查阅资料，写出一份分析报告；对于动手能力强的学生，还可以给其提供实验条件，针对某一问题进行实验研究，提交一份实验结果作为考核等。

第三，完善校企合作机制。因人才需求与高校人才培养目标脱节，部分院校在发展过程中遇到三个主要问题。一是“先天不足”，即应用型人才培养的起步晚、基础差，高校的经费保障能力不强。二是“后天失调”，即双师型队伍不足。三是“发展趋同”，即众多高校贪大求全，在人才培养的具体策略上没有特色。要理清思路，结合实际，创新人才培养模式，为行业、企业培养所需的人才，积极为地方经济社会发展服务。加强校企合作，共同制定战略联盟，形成产学研共享、共建的柔性机制。在企业健全高校学科专业、实践基地、特色课程、教学场所等无缝对接模式。要从经费、用人、基础建设等政策上加以倾斜，切实为高校排忧解难，打造适合高校发展的环境，支持高校走好产教融合、校企合作、转型发展的新路子。推行“引进来、走出去”战略，让新进教职工深入企业一线锻炼，鼓励理论教师“走出去”，不断学习、深造，形成师资队伍建设的长效机制。与地方政府、企事业单位、社会团体进行沟通，积极调查本地区人才需求。

五、基于创业创新的人才培养模式

面对目前的市场需求，传统的人才培养模式已不能适应现代教学的需要，为了能培养出具有创业创新能力并兼有技术与艺术的复合型人才，人才培养模式必须改革。以数字媒体技术人才培养方案设计为例，其设计思路主要是通过分层教学来实现对创业创新的数字媒体技术人才的培养。如果把专业定位在数字媒体的后期制作与合成，主要熟练掌握数字视频与音频的采集、制作与合成，以及数字媒体资源管理，这一类的数字媒体技术专业人才，除了具备数字媒体技术基础知识与技能外，还必须具备良好的创业创新的精神，承担风险与压力的能力以及团队合作的能力。根据不同类型的企事业单位对高职数字媒体技术人才的要求，从数字媒体技术专业培养复合型人才的基本要求出发，人才培养方案如图 7－3 所示。

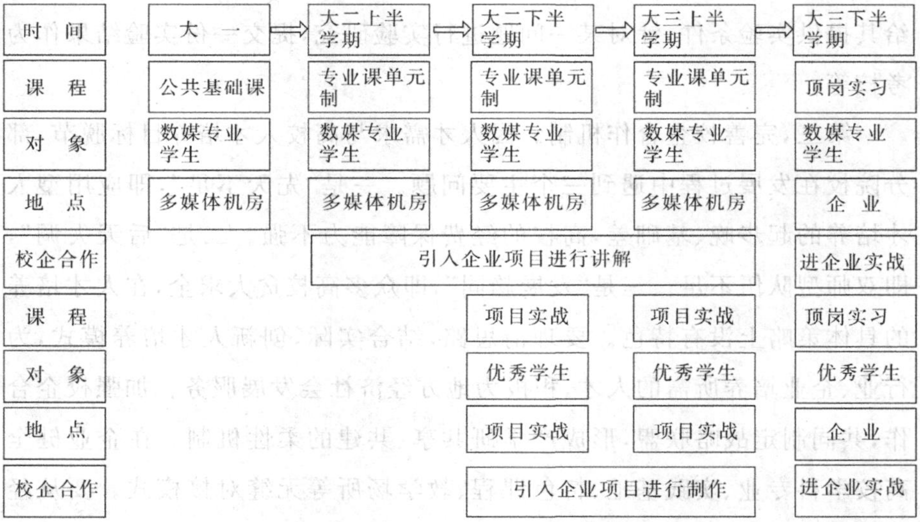

图 7－3 人才培养方案

在整个人才培养方案中，把创业创新的教育与专业教育相互融合，在专业教育的过程中融入创业创新教育，充分注重学生创新精神的培养。

例如，建立专业课程实验、课程设计、实习实训、社会实践和毕业设计（论文）等比较完整的实践体系，增强学生的工程意识和动手能力。减少课内授课学时增加课外学习时间培养学生自主学习能力。在课堂教学中提倡研究型、问题式、讨论式的教学方法，实行师生互动培养学生的问题意识和质疑精神。设立创新实验室，扩大实验室开放，支持学生参加各种课外科技创新竞赛活动，对学生课外科技成果奖励学分，鼓励学生大胆创新、勇于实践。

第二节 环境设计专业人才培养现状

一、人才培养模式宏观层面存在的问题

（一）专业规划混乱，人才培养理念不清

在经济与科技飞速发展的当今社会，从专业建设以及行业发展管理的角度来看，环境设计人才培养体系的铺就应当从建筑设计、环境设计、城市规划设计三个层次，从低级到高级、从简单到复杂依次展开。可令人遗憾的是，当前我国许多人才培养机构的发展现状距离上述目标尚相差甚远，一些高校较为常见的做法是将传统的工美设计与绘画专业的班底直接套用在环境设计专业教学的框架中，这无疑与环境设计人才培养需求相距甚远。当然，造成这类问题和现象的影响因素有着深刻的社会背景，经济建设、社会发展对于人才要求的不断提升与高等院校连年扩招放水之间的张力，是当下高等教育问题重重的主要原因。其中，学生专业基本素养缺失、教学实效较差成为造成环境设计专业人才培养质量滑坡的重要原因。当前我国的环境设计专业教育尚处于发展的起步阶段，许多根本不具备办学条件和办学资质的院校一味盲目跟风，纷纷突击开设环境设计专业，大肆招收环境设计专业学生，造成了社会与公众对环境设计专业教育的误读和偏见，更产生了对环境设计类人才培养更加极为不利的影响。众所周知，环境设计专业作为一门新型的学科，具有极强的艺术

理论性和技术操作性然而，高校招生的体制机制与环境设计的培养理念却在现实中南辕北辙，呈现出“两张皮”的不和谐现象。一方面，有些学校一味追求规模效应，为了提高招生数量不惜一再降低专业课和文化课的录取分数，忽视了对学生科学文化素质和思想道德素质应有的考察，特别是在一些基层地方院校、独立学院以及高职高专院校，有为数不少的学生仅仅通过接受短期专业培训，甚至在连素描、色彩等最为基本的艺术技能未能达标的情况下即被录取；另一方面，选择报考环境设计专业被视为进入大学学习的捷径之一，由于艺术设计类专业的文化成绩考核要求较低，分数线较之一般专业相差上百分之多，许多学生在文化理论基础较差的情况下，采取“曲线救国”的方式，在没有任何兴趣爱好、没有接受过系统专业学习和训练的前提下选择艺术设计专业。失去了兴趣爱好与志向所在的学习就将成为无源之水、无本之木，在这种状况下，学生多数陷入被动迷茫、厌学逃避的学习状态，培养积极主动的自发的创新式学习更无从谈起，这严重影响了环境设计人才培养的整体水平及质量的提升。

(二)师资建设严重滞后，教学体系陈旧呆板

当前我国的环境设计人才培养单位大都存在师资力量不足的问题，特别是从事专业教学的教师数量较少、生师比较低、教师学员单一、教学科研水平参差不齐等问题，因此我们认为师资建设滞后的问题将是今后很长一段时间内破解环境设计人才培养发展受限的瓶颈因素。作为高等学校的教师，其各方面的要求标准都是极高的，其中最主要的是关于职称与学历的要求，但这不是唯一要求。那些仅善于纸上空谈而缺乏业务实践能力和阅历的环境设计专业教师，令我们的应用型人才培养模式情何以堪。当前我国高校中从事环境设计专业教学的教师，特别是年轻教师，绝大多数是从校门到校门，从理论学习到理论教学，许多教师自身就严重缺乏对国内外行业发展实际状况的了解和实际业务操作经验，更何谈去指导学生进行实践动手能力的锻炼，真可谓“以其昏昏，使人昭昭”。

在世界政治经济格局大发展、大变革的背景下，我国传统教育理念关于高等教育的职能与方向的部分也面临新的挑战，人才培养模式改革的

中心应当始终围绕理论学科发展的前沿，加强来自自然科学、人文社会科学、思维科学以及其他与新兴学科交叉知识的传授和职业技能的训练成为现代教育改革的新目标。由于传统教育理念的桎梏，许多高校环境设计专业教育普遍存在课程体系设计不够严谨、课程内容呆板而缺乏生气，教学内容陈旧落后，教材体例鱼龙混杂，专业与基础理论课程之间关联性较差、理论教学课程与操作技能实践训练课程严重脱节，交叉性学科课程数量配置较低，教育教学过程中对创造性思维培养关注的严重缺失，教学方法和手段落后，忽视学生发现、分析和解决问题能力的培养，对话式、研讨式、案例式等灵活教学方法的应用鲜有实效，学生个性培养的创新性发展程度迥异等一系列问题。环境设计专业作为一门具备严格技术操作规范规程的专业，其很多课程教学必须回归到实践教学之中，才能对课程内容和课程目标有“入木三分、力透纸背”的教学效果。以“建筑装饰材料与构造”课程为例，需要掌握了解各类建筑装饰装潢材料的主要性能、基本构造等并能将其应用于实践，同时环境设计专业是在艺术设计类专业中业务实践性相对较强的专业之一，如果连最基本的专业操作技能都没有掌握，高质量的具有创新性的设计岂不成为无源之水、无本之木。担当陈设设计课程的教师并不深入了解实际的陈设工作流程，讲授空间组合理论的教师做不出空间组合模型的设计图纸，将本来实践应用性很强的设计课程作为纯理论照本宣科的传授，导致环境设计专业教学显效甚微，学生所学知识与社会严重脱节，影响就业，学生对此怨声载道、颇有微词。如何使学生迅速融入社会实践、设计实践的大熔炉之中，锤炼过硬的专业素质和职业能力，是当前环境设计教学刻不容缓需要解决的问题。

二、人才培养模式微观层面存在的问题

（一）培养方案目标定位过低，缺乏理论基础

我国现行的高等教育人才培养模式仍然难以摆脱新中国建立之初，一味效仿苏联模式，特别是社会主义计划经济体制环境下的人才培养模式。这种模式以生产活动或生产对象划分学科专业，以特定的生产劳动

岗位为依托，强化专业知识应用和专门技能训练，这种具有“短平快”特点模式培养出来的学生在完成学业之后能够迅速地进入角色适应对口工作岗位的基本要求，但它的主要缺陷是专业背景过于单一，发散性、跳跃性思维严重不足。在培养方式上重专业轻基础、重理论轻实务、重技能轻素养，学生在极为有限的专业背景下进行简单重复操作，缺乏对理论原理和应用技术的归纳与演绎、分析与综合、重组整合与集成创新的能力。不难看出，传统的人才培养模式远远无法适应市场经济时代条件下对人才素养创新功能的根本要求，就是在这种较为落后的人才培养模式下，我们培养的环境设计专业学生在专业发展和培养效果上也存在专业知识基础薄弱、学习视野严重受限、创新创造能力短板等情况。

（二）学科专业人才培养评价体系单一

正如上文所说，传统人才培养模式中对专业人才评价标准往往是建立在专业知识把握的深度和解决专业实际操作领域问题的能力基础上的，主要是对专业技术实践操作能力的评价考核。而信息文明时代对人才整体素质与综合创新创造能力的全方位要求越来越为迫切，传统的评价模式将越来越为今天的现代教育理念和人才培养价值追求所唾弃。如环境设计学专业在培养人才的过程中，在教会学生基本概念、基本原理和基本方法的前提下，注重提高学生的创新创造能力和实践应用能力的需求就显得更加迫切。本文主张在创新型应用型人才培养的理念下，应当提倡人才评价标准框架的多样化、多元化。倘若将人才培养的实效评价标准简单化为对最终作品方案设计的评判的话，就会造成学生在设计过程中和团队合作中对所体现的综合素质、组织协作、沟通交流以及再学习等非专业能力的忽略。

（三）创造性设计思维训练严重不足

目前，国内各大院校开设的环境设计专业，在课程设置体系上基本上分为三个板块，主要有公共基础课程、设计专业基础课程和专业核心课程三个方面。这种传统课程结构设置的短板主要在课程系统的连贯性与体系性上，三个板块的课程体系各成一体，不注重合理衔接和内容互补。在各个板块中的教学设计都会与创造学有所交叉，都会多多少少涉及创新能力的培养，但由于大多分散凌乱，内涵不够突出，主题不够鲜明，目的不够明确，达不到应有的强度和效果。

人才培养定位、教学设施，特别是软硬件设备以及资源利用在创新创造能力培养当中起到多大程度的作用等问题，都是关乎环境设计教育人才培养目标能否按预期实现的重要问题。但对于大多数高校而言，专业实践与社会实践环节的实施流于形式、过程意义大于内容。虽然校企合作、院地合作挂牌签约的社会实践与专业实践基地遍地开花、比比皆是，但真正能参与到实践环节、实现实践教学目标并完成实践目标的人数并不多，效果也不甚明显。虽然目前很多艺术设计类院校已经开始尝试通过建立工作室的形式让学生融入实践教学，甚至鼓励学生自己建立设计创意工作室，但专业实践作为人才培养模式中涉及学生、教师、院校、企业以及整个社会方方面面的一个重要的系统工程，远非教师和学生个人之力所能实现。由于环境艺术设计这个行业领域入门门槛很高，对于从业者的业务实践操作能力要求很高，而这种实践业务能力的培养远非一日之功，大多数实习单位的主要精力都放在日常生产经营管理上，很少投入时间和精力培养实习、见习人员参与实际生产活动，所谓的“校企合作联创实践基地”也成了一纸空文。这种情况不仅减少了学生专业实践中应有的培养和锻炼，而且也会影响到用人单位以及整个社会对环境设计专业教育的看法。因此，当前建立一整套具备创新型人才培养的环境设计专业人才培养模式，特别是课程建设教学体系，对加强对环境设计专业人才培养，促使环境设计人才培养统筹兼顾、全面协调、健康有序的发展具有重要的意义。

三、环境艺术设计人才现状及需求

（一）环境艺术设计人才缺乏

我国环境的建设发展有着二十多年的历史，在这二十多年的教育中培养了有十几万的学生，但是在环境艺术设计这块的专业人士较少，相对较优秀的人才更是短缺。对此2013年的相关调查数据显示，我国的室内设计师在30万左右，尤其是在我国的一线城市上海、深圳、广州等，在环境艺术设计人才方面更是短缺。

(二)环境艺术设计水平不高

对于当前我国在环境艺术专业的人才教学方面的水平较低，出现了很多的垃圾设计，没有结合可持续发展，一些豆腐渣工程大有存在，而这些设计项目不仅浪费了资金、时间，在设计方面也没有做出一定的提升，而好的设计方案只能依靠国外的一些设计，这些都说明了我国的环境艺术设计极为迫切需要进行提升。

(三)环境艺术设计人才素质不高

环境艺术设计不仅仅是设计的好坏，设计师的素质也需要有待提高。我国的很多环境艺术设计师素质普遍较低，设计的一些环境艺术作品仅仅只是一种摆设，没有达到一定的艺术性，也缺乏美感，这种失败的设计存在很多。虽然在对城市的环境建设中引用到了一些国外的优秀设计，但仅仅只是照搬，完全没有融入我国当地城市的文化特色，只是生硬地照搬设计，缺失了设计的原本韵味，使得当前的很多城市建筑给人都是“千面一色”的印象。

(四)与国际环境艺术设计水准差距较大

环境艺术设计在最初是从国外所引进的专业，因此在国际上环境艺术设计专业的发展是很先进的，水平也是相当高的，这给我国的环境艺术设计专业中带来了一定的影响。虽然我国的一些设计师在向国外的一些优秀设计学习，但有些设计师在学习的过程中没有真正掌握到设计的一些要领，只是盲目的效仿，因此所设计的作品完全丧失了原本的设计特色，也不具有中国当地的文化韵味。因此，针对这些问题需要进行反思，不仅仅是在文化设计方面，对于哲学领域也要进行相关的研究。我国的环境艺术设计专业必须考虑到中华民族的五千年文明，如果不融合我国的国情发展来进行设计，那么这种环境艺术设计只是一种为了设计而设计，而不是为人民所服务的，也丧失了应有的美感。

(五)环境艺术作品将现代与传统割裂

在文化的发展道路上，现代的文化艺术作品与历史传统是一个继承、发展、互动的关系，而不是独立存在的文化设计。因为传统文化会对当前的文化造成一定的影响，当前的文化艺术也是基于对传统性的文化艺术做出的改革与演变，是与传统文化的相互融合，才使得当前的文明更加完美。因此，在环境艺术设计上也是需要与传统文化进行继承与发展，以此设计出符合人民的需求、满足世界人民的审美需求的艺术作品。只有满足了整个世界民族的需求，才实现了环境艺术设计领域所具有的价值意义。

第三节　环境设计专业人才培养模式改革的依据

一、人才培养模式改革的必要性

环境设计和其他设计学科一样，作为一个实用性很强的专业，在当下各具千秋、特色鲜明的环境设计教育现状之下，如何在经济社会发展的宏观背景下进行人才培养资源的优化整合是主要问题，从环境设计教育系统本身上做深入的调查和研究，建立较为完善合理的环境设计人才培养模式，这正是本书研究的基本思路。环境设计专业人才培养的改革思路不能简单囿于打破传统教育理念与现代社会发展要求之间的针锋相对，而是尽力促成传统因素在现代性的思维结构方面所担当职能的游刃有余，甚至是水乳交融，相得益彰。这种思路要求每一个艺术工作者一起来努力捍卫中华民族传统文化和传统设计艺术，充分吸收借鉴其他国家和民族优秀文明成果，努力构建极富民族特征和中国特色的设计艺术和文化传承，从以往单调的艺术理念和思维方式转变为丰富多彩、包罗万象又不失原本面貌的设计艺术空间和立体化多角度观察和分析问题的非中心模式。

高等教育连年扩招所带来的教育质量滑坡和人才素养缺失，留下的隐患与弊端所产生的教训如此惨痛，给广大教育工作者敲响了一记又一记警钟。此情此景，让笔者不由联想到我国高等教育当前现状及其前景何其堪忧。因此，必须对那些不够完善、不成体系的专业人才培养方案进行大胆改革尝试，为社会培养符合实际需求和发展趋势的高层次创新型复合人才，这是对教育资源最合理的配置和应用。

二、人才培养模式改革的现实依据

环境设计专业人才培养模式改革的现实依据主要来自对我国环境设计专业教育现有状况的实证分析。环境设计专业在我国高等院校的开设时间并不长，而且学科专业设置分布呈现不均衡的态势，主要分布在专业艺术类院校和理工类院校的工业设计专业方向上，最主要的问题是把环境设计专业这门具有很强的综合性学科简单定位在了室内设计较为单一的方向上。造成这种现状的原因，一方面是人才培养模式探讨的众口纷纭、各执一词；另一方面是特定历史时期社会发展需求与体制机制落后之间的张力所致。面向当前经济社会大发展、大变革的历史时代背景，社会发展需求也呈现出新的态势，传统的以建筑设计为主干的环境设计教学体系使得学生创新素质不足、社会适应性与独立创造性不强，这一现状有悖于经济全球一体化和市场经济建设对既具有广博知识又能够创新开拓的人才的迫切需要。因此，我们的人才培养模式改革，特别是在独立学院这一综合应用型人才培养高校中，其立足点应当瞄准经济社会发展需求，改革环境设计专业结构和课程模式，以学科建设为主抓手，以创新驱动为着力点，以产学研系统结合为集成动力，努力培养高素质的智能型、复合型设计人才。

一个学科专业的发展能够紧跟时代潮流，积极回应社会发展需要，主动契合国家战略与民族梦想时，也必然是其发展大有可为、大有作为的重要战略机遇期。因此我们高兴地看到，在当前形势下，环境设计专业的发展已经迎来前所未有的黄金时代。目前社会需要的环境艺术设计专业人才主要由三部分人组成，一部分来自建筑工程设计行业转为从事环境设计专业，一部分来自纯绘画专业转为环境设计专业，其余则是接受过环境设计专业系统教育、科班出身的人员。

三、人才培养模式改革的理论支撑

在认清社会发展现实需求的同时，要进行人才资源供求关系的现状分析。这样才能够实现按图索骥、按需培养，使人才培养模式与社会需求无缝对接，努力实现人才培养模式过程中的资源优化配置和合理利用。随着时代主体的不断更迭，对环境设计内涵的理解将极大地延展，环境设计所要解决的问题也将复杂化、多元化。放眼今后，打造新时期创新型内涵型、应用型的环境设计人才是人才培养方式改革的追求目标。

就环境设计专业建设而言，不同层次和类别的学校都有各自风格迥异、内容独特、形式鲜明的发展方向和目标，也就是所谓的专业特色。例如，立足建筑方向所开设的环境设计专业，从行业发展和管理的角度，传统观念中的环境设计是建筑工程设计一级学科门类包含的从属学科。因此，在建筑工程类院校和专业的基础上发展环境设计专业具有近水楼台、得天独厚的优势。目前高校所培养人才的目标和方向就是一切为社会需求所服务。这就要求我们高校环境设计专业在教学的过程中应该具备相当强的适应性，这种适应性通常是建立在扎实的专业基础知识和广博的学术见闻上。因此，对于我们教育者来说，应在制定教学内容和培养计划时充分抓住环境设计专业涉及面广和适应性强的这些特点。

创新是设计活动的精髓，也是设计行业永恒发展的生命所在。环境设计是对人类社会和人本身所处的自然环境和人文环境所进行的创新性规划和整合的过程。随着我国社会经济的不断发展与进步，从行业建设与管理的角度来看，要建立起从建筑设计、城市规划设计到环境设计，这样三种层次关系相结合的建设设计人才形式体系势在必行。作为新兴的一门学科，环境设计专业是涉及多个学科专业并且需要做整体性科学把握的一项系统工程，具有多元性构造的特征，对从事环境设计的工作者要求具有全面素质，特别是具有统筹规划与组织协作的能力。

参考文献

[1]曾艳.传统地域文化在环境设计教学改革中的应用[J].魅力中国,2020(46):24—25.

[2]柴玉彤,王君君,田甘霖.浅析生态设计理念在高校环境设计教学中的培养[J].文艺生活·下旬刊,2017(3):211.

[3]陈晨.环艺设计综合环境设计教学创新性探析[J].华章,2014(12):239—239.

[4]陈晨.论室内环境设计教学中绿色装饰材料的运用[J].劳动保障世界,2014(6):132—132.

[5]戴煜轩,马妮娅.环艺设计综合环境设计教学创新性探析[J].智能城市,2016(9):136.

[6]樊荫.关于环境设计教学中的思考与创新[J].新商务周刊,2019(18):240—241.

[7]樊岩绯,王朋,李晓峰.环境艺术设计教学与社会实践[M].延吉:延边大学出版社,2018.

[8]冯韵清,王秀萍.设计项目在环境设计教学中的联动模式研究[J].美术教育研究,2020(10):115—116.

[9]贾新新,乔治,马军,等.工学结合视角下的环境设计教学改革研究[J].山西建筑,2018(29):228—229.

[10]蒋磊.教学环境创意设计手册[M].广州:南方日报出版社,2019.

[11]兰晓林.论生态设计理念在高校环境设计教学中的培养[J].南北桥,2018(15):6.

[12]李蔚.浅析城市意向理论在环境设计教学中的运用[J].低碳世界,2021(12):181—182.

[13]李向北,赵瑞雪.环境设计教学与虚拟现实技术的结合与创新[J].新

教育时代电子杂志(教师版),2020(37):135—136.
[14]刘博雅.四维融合理念下环境设计教学与课程思政融合的设计与探索[J].美术教育研究,2023(20):66—68.
[15]刘晓军.环艺专业综合环境设计教学创新性研究与实践[J].西安文理学院学报(社会科学版),2010(3):120—122.
[16]鲁政.基于模式语言理论的环境设计教学再思考[J].高等建筑教育,2015(2):78—81.
[17]陆璇.高校艺术设计类教学探索与实践研究以环境设计专业为例[M].北京:中国纺织出版社,2021.
[18]綦孝文.环境艺术设计中室内设计教学改革研究[M].北京/西安:世界图书出版公司,2017.
[19]权凤.环境艺术设计表达与课程教学[M].北京:研究出版社,2018.
[20]施煜庭.新文科建设背景下环境设计教学与思考[J].室内设计与装修,2021(12):114—115.
[21]孙天黎.高校环境设计教学的社会实践转型探讨[J].太原城市职业技术学院学报,2016(7):146—147.
[22]王鹤.环境设计专业公共艺术教学实训[M].天津:天津大学出版社,2018.
[23]王恒.谈项目教学法在环境设计教学中的应用[J].青春岁月,2020(17):128,127.
[24]王秋莎.模型制作与工艺在环境设计教学中的实践研究[J].美与时代(上旬刊),2022(5):131—133.
[25]王玉砚.虚拟现实技术在环境设计教学改革中的应用[J].鞋类工艺与设计,2023(12):108—110.
[26]吴素花,李英杰.试论高校环境设计教学中生态设计理念的应用[J].艺术科技,2018(6):243.
[27]武东风.高校环境设计教学的思考[J].现代交际,2015(10):176—176.
[28]颜明峰.市场环境下环境设计教学的革新建议[J].美术文献,2018(10):62—63.
[29]晏以晴.环境设计教学中的创新思维训练研究与实践[J].湖北美术

学院学报，2020(1)：90－93.
[30]杨娟.基于信息时代背景下环境设计教学改革略论[J].科技风，2021(17)：23－24.
[31]杨曙光.基于空间意识培养的环境设计教学方法研究[J].美术教育研究，2021(3)：148－149.
[32]杨中贵.环境艺术专业设计实践教学与创新研究[M].长春：吉林美术出版社，2022.
[33]姚文山.新时代背景下环境设计教学的几点思考[J].大众文艺，2015(13)：235.
[34]叶馨芸，韦玮.环境设计教学中运用任务驱动教学法的可行性[J].同行，2022(10)：17－19.
[35]易丹萍，周杨坤.风水学在环境设计教学中的应用与发展[J].中国市场，2017(15)：102－103.
[36]张波，武春焕.环境艺术设计专业教学与实践研究[M].成都：电子科技大学出版社，2019.
[37]张娜.市场需求背景下环境设计教学改革研究[J].流行色，2020(5)：155－156.
[38]张晓辉.环境设计专业教学改革与实践性创新人才培养的探究[M].成都：电子科技大学出版社，2017.